# 頂尖業務培訓手冊

從心態養成到價值、風格創造徹底訓練！

北澤孝太郎／著
蘇聖翔／譯

# 前言

本書是寫給業務部門所有商務人士的訓練書。從「自己想做什麼？」、「想打造怎樣的職場？」等「想法」的重要性談起，並說明如何創造顧客價值、推動行銷活動。

書中共提出１００項問題，讓讀者思考「自己又是如何？」並往下閱讀。可以重點式地翻閱自己所關心的項目，也可逐一思考每個項目，在小組會議時當成討論的題材使用。

不只新手與年輕人，許多項目對於業務幹部也頗有幫助。希望大家都能儘早認清幹部的職責、學習對事物的正確看法與想法。另外，本書的寫法並非從頭灌輸業務知識，內容編排上也不是讓讀者學習一般的問題解決能力，而是符合變化激烈的時代、提高環境適應的能力。透過思考事物的本質為何，來培育「如何對應環境變化？」的思考能力。因此，每個項目都是從詢問式的標題開始，「為何這是必要的？」、「我能做什麼？哪些辦不到？」，像這樣採取讓讀者一邊思考一邊閱讀的形式。在各章結尾會將注意要點整理成一覽表，讀者可藉此反覆內省。答不上來的地方，或者有疑問之處，請務必再次翻閱確認。或許你會覺得有點嘮叨，但還是希望大家能透過這種形式加深對於內容的理解，若能獲得讀者的共鳴，便是我最開心的事。

目前我在東京工業大學研究所負責日本首見的業務課程。雖然已有眾多行銷與策略方面的課程，不過將業務納入正式課程乃是東工大的創舉。即使製造出技術再好的產品，業務做不好銷路就會不佳，銷路不佳也就沒有收益，沒有收益便不能維持公司的運作。由此可知，以科學觀點分析業務策略、建立體系學習邏輯思考能力，無論在何種職業或業務類型上，都是非常重要的事。

為提升業務現場的生產力，本書根據作者所開發的模型（北澤模型），將內容編排成容易理解的形式。首先闡述「想法」的重要性、思考商業成立的構造機制，再促成行動。關於這個模型，如果想知道更適合業務高手的內容，可以接著閱讀拙著《優れた営業リーダーの教科書》（暫譯：傑出業務幹部的教科書）。

對於我的觀點表示理解、給予機會讓我執筆的日本經濟新聞出版社平井修一先生，以及介紹平井先生給我的洛星高中棒球社學長——天馬航空董事長兼會長佐山展生先生，在進入正文之前，我要向二位表達感謝之意。

2017年9月

北澤孝太郎

# 頂尖業務培訓手冊——【目錄】

## 第3章 【工作流程】分解過程以瞭解須改善之處

## 第6章 【擬定業務策略】將自己、自家公司與現實結合 —— 131

## 第7章 【使策略落實於業務戰術】讓該做的事具體明確——151

## 第8章 【打動人心】訊息與溝通 177

## 第9章 【動機與貫徹行動】持續執行——203

## 第10章 【進一步成長】如何邁向新舞台？

第 1 章

[業務的心態與基礎]

# 先從
# 最基本開始

## 1 何謂跑業務？ 面對「何謂跑業務？」的提問，你會如何回答？

### ◎跑業務並非單指銷售行為

雖然提到跑業務，容易讓人聯想到「銷售行為」，不過絕非僅此而已。銷售行為本身若非顧客所願，而是強迫對方、付出不必要的努力要人家賣你人情，或是不斷死纏爛打地爭取購買，如果以為這種行為就叫做跑業務，那肯定是誤解了跑業務的意思。

既然寫成跑「業務」，代表它是公司的「事務」，也就是指讓公司維持運作的一切行為。製造產品、銷售、賺錢、開發下一款產品或採購，這些全都算是業務。

例如，在製造產品時，如果不替產品標價、取名、決定販售地點、思考宣傳手法，它就無法成為代表公司的商品。因此，像是顧客想要什麼、有何感受、是否有財力等，如果沒有全盤理解顧客的狀況再行製造，即使好不容易製成產品，也有可能完全賣不出去。跑業務的英譯不是「Sell」，而是「Business」。

## ◎認識跑業務的3大要素

所謂跑業務是指，創造顧客價值、行銷與銷售（賺錢）這3項活動的總和。創造顧客價值的意涵，簡單來說就是創作出顧客想要的東西。而行銷活動，則是讓顧客知道產品，並且想要購買的手段。至於與顧客見面、說明產品、讓對方開心地買下進而從中獲利的行為，就是銷售活動。如果想徹底瞭解何謂跑業務，就必須理解人的所有心情與行為，也必須瞭解時代背景與世態人情。

基於這層意思，不只經濟學與經營學，甚至連歷史學、社會學、心理學、生命工程學等都囊括在內，最好具備各種知識。尤其是研究「創造出社會的人類，會在何時採取何種行動？」的社會心理學，對於跑業務來說更是無法切割的要素。跑業務就是如此深奧、充滿活力的工作。

# 2 自家公司的內涵 你能否答得出公司的業務內容？

## ◎瞭解自家公司存在的理由

你的公司究竟是什麼樣的公司呢？舉個例子，像我待過的瑞可利，當時是家製作資訊雜誌的公司；而同樣是前公司的軟銀，則是間通訊公司，或者算是行動電話的公司。然而，真的只是這樣嗎？說起來，許多人聚在一起形成組織，便是帶有某些目的的。也許起初是從該公司創辦者的「想法」開始的，當組織不斷擴大，這些人一定產生了共同的目的，才會持續讓更多人聚集到該組織。

瑞可利的目的是，藉由資訊引發人的幹勁和動機，使日本變得更有活力。而軟銀的目的則是藉由資訊革命，也就是運用資訊科技改變世界，讓人們得到幸福。這種說法是不是比單純描述它們是製作資訊雜誌的公司、通訊公司或行動電話的公司更加形象鮮明呢？業務員是背負著公司使命在跑業務的，假如顧客對於你們公司正在做的事情無法產生共鳴，產品就賣不出去。所以首先要瞭解顧客所認同的、自家公司存在的理由與「理想」。

### ◎對公司的存在意義、「理想」與行動感到驕傲

瞭解自家公司存在的理由後，接著要實際認清它是如何使顧客、社會或員工感到開心的，這樣你才會感到自豪。換個說法就是，你們公司是如何貢獻社會的？經營領域的思想權威彼得・杜拉克曾說過：「公司並非為了利益而存在，而是為了回應社會與個人的需求、完成社會任務而存在。」各位的公司創造了哪些價值來滿足社會需求呢？任何企業都一樣，它們之所以得以延續，至少都是創造出某些價值、滿足了某些需求。我們應該盡可能具體地瞭解這些內容。

瑞可利製作的資訊雜誌整理、刊登了許多情報，並將之正確、迅速地傳遞出去，其內容真實、可以安心閱讀，能讓讀者瞭解社會現況、進而採取下一步行動，因而受到廣大的喜愛。各位業務員也應該瞭解自己的工作是如何貢獻社會的。

## 3 自家公司的理念 公司的原點——「理念」究竟為何？

### ◎瞭解你的夥伴為何聚集在此

所謂「企業理念」，就是把該公司存在的目的化為語言。我待過的瑞可利便明白指出「我們透過創造全新價值來回應社會的期待，每個人都以實現燦爛豐富的世界為目標」（摘錄自〈使命〉）。軟銀的理念則是「透過數位資訊革命共享人類的智慧與知識，在全面實現企業價值的同時，對人類與社會做出貢獻」。日本有許多公司都揭示了優良的企業理念，如貢獻社會、尊重人類、技術革新等，將自己必須實踐的任務化為語言。

不過，意識到自家公司的理念，並且能完整敘述的業務員並不多。本來，組織是由為了某個目的而聚集的人所組成。業務員處於創造顧客價值、舉辦行銷活動或銷售等所有行為的中心，要成為實現企業計畫的管理者，盡力滿足顧客，並且藉此增加顧客。換言之，業務員是全公司團隊的重心，必須擔任領導者展開行動。而領導者應該是最能理解組織目的之人。

## ◎藉由故事闡述理念，會建立引起顧客共鳴的世界觀

我任職於軟銀時，孫正義社長再三強調：「這小小晶片的問世，創造出比工業革命更巨大的浪潮，引發了數位資訊革命。它促使物聯網與人工智慧進化，讓社會更加便利，並且變得極有效率。」像這樣藉由故事闡述公司的理念，就能清楚說明希望員工與顧客共享何種世界觀。

高度經濟成長與泡沫經濟的時代結束，社會裡的價值觀變得愈來愈多元。再加上資訊爆炸，令人不知該相信什麼，大家都希望自己面對花言巧語時不會輕易受騙。此時最重要的，就是在銷售之前，讓顧客與企業夥伴共享彼此的價值觀與企求的世界觀。既然往後你得以業務員的身分成為企業活動的管理者，首先就應該藉由故事來闡述企業理念，獲得對方的認同。尤其面對人數眾多的法人，你更需要在銷售前引起共鳴。

# 4 自家公司的特色

## 你是否清楚公司的沿革、股東、營業額、利潤、員工人數與組成？

### ◎想要推銷產品前，必須先瞭解自家公司，並獲得信任

如果想快速瞭解初次見面的人，就先詢問對方的人生經歷、目前的職業與生活狀況、家庭成員，以及對方擅長和喜歡的事物。至於陌生的企業，也和初次見面的人一樣。想讓對方快速瞭解自家公司、獲得對方的信任，你得先記住公司的沿革、股東、營業額、利潤，還有員工人數等基本事項，才能夠當場回答。這些資料可以從年度決算書或決算書表中查到。

如果你的公司規模夠大、已經家喻戶曉倒是另當別論，不過大家所屬的企業即使在某個特定業界或地域小有名氣，換個業界或地域可能就鮮為人知，就算聽過名字，一般人也不清楚實際情形。這時，讓人快速、正確地瞭解並信任自家公司的判斷依據，就是沿革、股東、營業額、利潤和員工人數等等。跑業務時，先瞭解自己並獲得對方信任是非常重要的事。

## ◎若能說明過去與現在會更容易被相信

企業沿革指的是企業走過哪些路。創業於哪一年與當時的主業、轉型期的事件與年度，以及最足以代表現況的事件、年度與之後所做的努力等，若能說明這些資料就能讓人充分理解你們公司的本質。不僅如此，如果能讓對方明白你們在各個時期的付出，也會更容易取得信任。倘若知道有哪些股東，對方就能瞭解公司屬於何種體系、和哪些企業或個人較為接近，以便理解自己與公司的距離和關聯性。營業額、利潤或員工人數等，則是直接表示公司目前活動規模的指標，可以減輕對方的疑慮，例如，「能否放心地進行交易？」、「交易時需要設定哪些條件？」等。姑且不論個人交易，倘若對方是法人，訂貨的行為就不僅僅是個人的責任。說明這些事項，讓對方瞭解自家公司並獲得信任，是業務員重要的工作之一。

# 5 自家公司的暢銷商品 公司目前的暢銷商品是什麼？為何會誕生這款商品？

## ◎藉由說明暢銷商品，使對方瞭解市場的接受度

假如對方瞭解並且信任你們公司，接下來還要讓他們認識公司的暢銷商品。前面提過，企業是為了回應顧客需求、貢獻社會而存在，談論暢銷商品可以表現出自家公司被市場接受、如今仍持續獲得支持的成績。再來還要談談為何這項商品會誕生，這樣能使對方理解做出成績的努力過程。換句話說，就是讓對方知道你們並非未經思考就製造商品，而是為了對社會有所貢獻，不斷努力才創造出這項產品或服務。至於產品種類多元，以致無法立即明白時，就讓對方瀏覽自家公司的業務報告書吧！

業務活動是由團隊來執行，要是對方信任組織就會願意合作，也正是這樣的團隊才能創造出暢銷商品。當被問到「你們公司的暢銷商品是什麼？」時，請立刻回答：「〇〇這項商品最暢銷，是為了回應△△的顧客需求，以□□這種方式製造出

來的。」

## ◎產品誕生的故事能引起最大的共鳴

先前說過，業務員的「最基本」，就是讓顧客瞭解自家公司的來頭以及業務內容。因為任何人在開始交易前，也就是與對方建立關係前，理所當然都會心存戒心。而且我也提過，為了使彼此建立正向的關係，還要讓對方認識自家公司的暢銷商品。此外還有一點，你必須能夠敘述產品與服務誕生的過程，也就是故事。談談該產品所滿足的市場需求、源自於何種想法，以及該項產品的開發者和公司在創造這項產品時跨越了哪些障礙。假如這些想法剛好也符合顧客的需求，便宛如他自己正在盼望這項產品或服務的出現。這就是共鳴，能為你贏得支持者。近年來的威士忌風潮，就是起因於某部戲劇裡的主角一連串的艱苦奮鬥故事。假使未曾引起許多人的共鳴，就不會如此漂亮、迅速地再度興起大家喝威士忌的熱潮。

## 6 顧客在哪裡？ 你能否說出公司的主要客戶群？

### ◎瞭解現在最支持你們的顧客，以維護顧客的立場

假如你公司的業務是法人業務，那麼使用你們產品或服務的對象必定是某間公司。若交易的對象是個人，哪一種人會使用你們的產品或服務就很重要，大致上可用性別、年齡、職業及居住地區等加以區分。基於同樣的概念，法人也能概括在某個業界與地區。

業務員的工作必須總是站在顧客的立場、找出顧客的需求，藉此創造自家公司的產品或服務，或是當一名反覆、準確地微調做法的管理者。正因如此，需要隨時留意的重點是「深刻洞察顧客需求」，也就是站在顧客的立場思考，而注意、瞭解哪一種顧客最常使用該產品或服務就是最快的捷徑。顧客的情況會隨著每天狀況的改變而有微妙的變化，即使是幾乎不曾改變的企業，市占率與訂貨量也會有些許的變化。

## ◎顧客的改變就是需求的改變

假使主要客戶群的情況，像是市占率或訂貨量等發生了微妙的變化，可能是因為需求改變了。例如，購買產品的客戶開始偏向經營年輕族群的相關事業；如果顧客是個人，也許消費者本身的兩性差別消失了；或是自家公司目前為止所獲得的顧客類型開始變得不一樣，你必須察覺到這些變化。而這時應該確認以下2點。

第一，顧客類型改變後的新市場，喜歡自家公司產品與服務的哪些地方？第二，以往的市場被哪些競爭對手占據？假設對於新的顧客群來說，自家公司產品或服務的優點和其他公司相比還不具有絕對優勢，經過判斷若能迎頭趕上，就得趕緊設法讓自家公司被市場接受。而在以往占有的市場，如果有人試圖取代自家公司的產品與服務，就必須採取對抗措施以恢復市占率；要是已經形成壓倒性的差距，就只好當機立斷地退出市場。業務員必須按照顧客情況的改變，去推測市場的變化。

## 7 增加顧客的方法 公司的顧客是如何增加的？

### ◎將業務的最佳營運法則分解成要素，並徹底瞭解

你公司的顧客是經由何種方式增加的呢？是透過電視廣告提高知名度，然後再向通路推銷的模式嗎？或是業務員一家一家直接拜訪客戶所累積的成果？身為業務員的你，要關心自家公司增加顧客的方式，而且必須知道其中的最佳方法（最佳營運法則），接著仔細分析構成最佳方法的要素為何。就業務流程而言，若是販售高單價商品，業務員必定得重複進行個別拜訪、說服顧客，才能讓顧客放心。如果販售的是單價比較便宜的商品，在產品或服務的認知階段，必須讓顧客認清它與其他產品或服務的差異，或是讓顧客回想起以往的使用經驗，促使他們主動購買。

在這些流程中，怎麼做顧客會最熱中、產品會更暢銷，必須分解要素加以理解。如果理解得當，就能決定努力的方向，你便會瞭解如何努力才是最好的做法。

## ◎分解要素後，將關鍵因素化為己用

首先，你要盡其所能地觀察哪一種人的銷售功力較好。例如，是簡報技術好的人、與顧客關係好的人，還是在公司裡善於溝通、能對顧客提出更好條件的人？接著去打聽為何他對這個部分特別努力，如此定能從產品或服務的特點和顧客的特徵當中明白其原因。尚未發跡的產品或服務絕不能缺少簡報技術；而對於有一定知名度的商品來說，與顧客的關係正是決定勝負的關鍵；至於市場已經成熟的產品，如果交易條件沒有明顯差距，也許就不會暢銷。假如簡報是決定勝負的關鍵，想必表現最佳者已經掌握了與別人拉開差距的簡報方法。你在推銷自家公司的產品或服務時，如果想獲得不凡的成果，就必須找出成為表現最佳者的要素。

# 8 顧客的感受 你是否知道顧客想要什麼？

## ◎顧客的深層心理在於意想不到之處

產品與服務暢銷，就以為它們受到喜愛未免言之過早。也許是市場上僅有這款產品，顧客別無選擇才購買；也可能是產品與服務以外的因素，例如業務員與銷售員的接待手法和人際關係、交貨速度與品牌保證的安心感等，購買產品與服務的理由藏在各個細節當中。另外，假如你是製造商的業務員，由於販售店比起其他家產品或服務，更積極地推銷你家的產品或服務，因而幫助你與顧客建立起良好的關係，也可能是原因之一。

由此可見，顧客購買產品的深層心理存在於各個細節中。在產品或服務暢銷時，更需要仔細觀察它們為何會暢銷。要是等到銷路不好，才來思考業務策略就慢了一步，此時再變更產品或服務的特點往往為時已晚。產品與服務置身的環境不時在改變，與此同時，暢銷的理由也會不斷改變，這點必須牢記在心。

## ◎受到喜愛的地方維持不變，不受歡迎之處則斷然捨棄

在公司打算改良產品與服務時，假如這些改變無法維持顧客喜愛的地方，即使你只是一名小小的業務員，也應該鼓起勇氣反對。反之，不受歡迎之處若是由於公司內部決定或通路等因素而保留，你也應該提出建議，促使公司加以改變。另外，根據自家公司存在的理由而定，若有不符合理念的產品與服務也要斷然捨棄，這點很重要，因為縱使販售這種產品，大家也不可能每天風雨無阻、自豪地頻頻拜訪客戶並努力說服對方。

你也必須持續在銷售上下工夫。「希望誰來購買哪些產品？希望誰感到高興？」不斷思考這些問題正是業務員的工作。換句話說，你要時時自問：「我們是誰？客戶是誰？有何感受？做什麼能讓客戶開心？」這是身為業務員最應該重視的事。請持續思考「我們是誰？客戶是誰？做什麼能讓客戶開心？」這幾個問題吧！

# 9 問題與課題 你是否清楚問題與課題的差別？

## ◎你急著解決的是問題，還是課題？

眼前必須解決的麻煩是問題，還是課題？邁向人生目標的過程中，在某個階段將要面對的是問題，還是課題？大家已經知道，須立即解決的是問題；至於尚未成為問題，今後憑著自己的意思，想當成問題提出來的則是課題。在業務界，要把什麼設定為課題，以及解決方法和之後的成果，將會大幅影響個人的成長。

課題可分成「緊急課題」和「重要課題」2種。只處理緊急課題的人，雖能獲得眼前的成果與成長，但以長遠的眼光來看，卻無法期待其成果與成長。反之，只處理重要課題的人，連眼前的成果與成長也不會有，結果往往以沒有任何作為告終。總之均衡地設定課題非常重要。另外，解決方法是採取對症下藥或根本治療，也必須取得平衡。如果只是對症下藥，雖能立即發揮效果，但最後可能會使情況更加惡化。

## ◎鍛鍊課題設定能力

職棒選手鈴木一朗曾說，走得最長久的方法是逐一解決眼前的課題，並且一點一滴地累積。設定好你的人生目標、朝向目標均衡地到達每個里程碑，就是最能達成目標的方法。我也有同感。正因如此，決定面對哪個課題非常重要。這時，解決問題的手法「KT（凱普納、特雷高）決策法」就能夠派上用場。

分析現狀（目前自己處於何種狀態？），再分析原因（為何陷入這種狀態？），並仔細研究對策（針對應該採取何種方法思考選項）。然後預測未來（預測採取這個選項將會如何？），思考這個對策是否過於偏向對症下藥或是根本治療，且找出答案。倘若對策偏向根本治療，在目標達成之前，事態是否會惡化到無法挽回的地步，這一點也必須考慮周全。

## 10 將資訊轉化為知識 如何將資訊轉化為知識？

### ◎今後的社會重視什麼？

這個社會已經從資訊社會轉變為知識社會。人們失去了高度經濟成長與泡沫經濟時代追求物質更豐富的共通目標，因為比起物質豐富，個人價值觀的多元在此時代更被重視。當大家朝向同一方向時，邁向這個方向便是正確解答，因為答案只有一個，導出答案的眾多資訊就顯得非常重要。

可是，到了多元時代，正確答案並非只有一個。當正確答案不只一個，配合各種狀況當下做出判斷就很重要，而知識能夠支持你的判斷。知識指的是自己消化資訊，轉變為「這種時候該這麼做」這種使你能自行採取行動的判斷基準。因此，雖然資訊都是共通的，知識卻是個人的。今後的社會比起資訊，擁有許多知識才是必備條件。那麼，該如何創造這些知識呢？此時每個人的內省習慣正是重點。

## ◎內省習慣能夠創造知識

所謂的內省習慣，是指回顧事件的習慣。事件發生時，先證實究竟發生什麼事，接著擬定計畫、決定該怎麼做。跑業務這份工作，除了不時地關心客戶，也得反覆向主管報告、連絡、商量，由於經常需要往來奔波，非常消耗體力。而製作提案書也需要集中注意力，老實說十分累人。因此工作結束後，為了獎勵自己努力了一天，往往會去喝一杯。即使沒跟同事一起喝一杯，也會自行設定獎勵方式，像是手拿罐裝啤酒，悠悠哉哉地看著運動新聞或綜藝節目等等。你是否也過著這樣的生活呢？如此將無法創造新知識。沒有準備任何武器，於是你又要空手迎接嶄新一天的挑戰了。

假如想要將作戰武器，也就是知識化為己用，即使只花10分鐘也好，你必須養成回顧今日、為明天擬定計畫的習慣。從來沒有內省過的人，可以把早上的第一件工作改成回想昨天所發生的事。

# 11 增加知識 你是否瞭解如何增加知識？

## ◎促使內省、增加知識的方法為何？

請看下一頁的圖。知識有2種，一種是尚未化為語言，卻存在於體內的隱性知識；另一種則是化為語言和概念的顯性知識。人透過各種行動，會先在體內創造尚未化為語言的知識（隱性知識），然後連結到自己的大腦，這就是群化。接著，想通後化為語言（外化），有了形式（顯性知識），便容易與其他知識連結（融合），也容易獲得他人的建議。再來，會回顧這些連結（內省），擬定計畫促成下一步行動（內化），然後按照計畫再次行動。反覆這個過程，知識就會不斷增加，並且深化。

## ◎業務員的武器為何？

如此交互轉化隱性知識與顯性知識，自己的知識就會確實深化。因此，若想增加知識，就要培養將自己的行動化為語言（概念化）的能力，也一定要養成對實踐

**經由工作增加知識的過程**

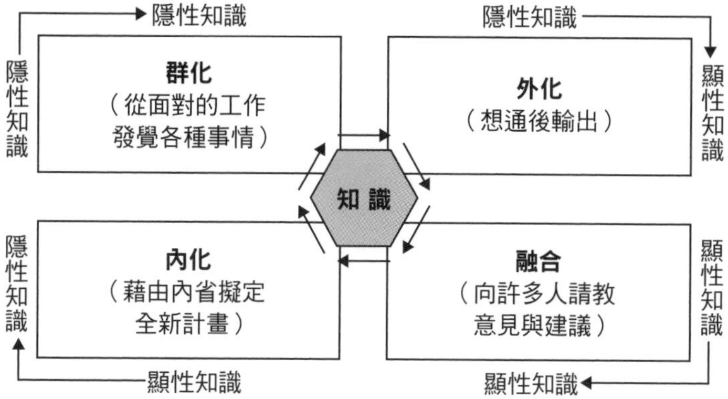


內容進行反省的習慣。這2種習慣是必備的。在多元時代，業務員最大的武器是能因應各種狀況的業務知識。因為正確答案不只一個，所以必須具備許多業務知識，才能判斷「這種時候該怎麼做？」。常言道：「從知識量就能判斷業務員的成果。」它指的是業務知識是否夠多，而且是否夠深入。即使有不懂或不知道的事情，也要立刻與自己的知識融合，內化（內省）成能夠使你自行採取行動、屬於你自己的全新知識。你必須推動這個過程，逐步轉化出愈來愈多扎實的知識。要知道，業務員最大的武器就是「融會貫通的業務知識」。

## 注意要點

用你的話整理成語言（概念化）吧！然後再閱讀一次正文並且反省。如此一來，就能提高技能，實力將更加提升喔！

☑對你而言何謂跑業務？

☑你所屬的公司是怎樣的公司？

☑你能透過故事描述公司的經營理念嗎？

☑你能否流利地回答公司沿革中的重要大事、股東成員、營業額、利潤及員工人數？

☑請描述你公司的暢銷商品和它誕生的故事。

☑你公司的主要客戶群在哪裡？為何會在那裡？

☑你公司是以何種業務策略增加顧客的呢？

☑你知道公司產品的哪些地方受到顧客喜愛嗎？

☑目前你業務上的課題為何？是否有問題？

☑你如何增加業務知識？是採取哪些步驟？

☑你跑業務最大的武器為何？

# 第2章

## [強化想法]

# 心態
# 能引起共鳴

## 12 將來的夢想 你能否向人說明將來的夢想？

### ◎對業務員而言最重要的事情是什麼？

對業務員來說最重要的事，就是透過業務活動想讓社會變得如何的「想法」。這點的重要性勝過業務知識，因為學習業務知識時，想法會變成動機。首先你必須能夠向人說明你是誰、想做什麼、為此已經做了些什麼。

在世上缺乏物資、大家物質方面都不滿足的時代，只要做出好東西就會大賣。可是當社會變得富裕、商品應有盡有時，即使做出好的產品，沒有引起共鳴就不會暢銷。「喔～這的確是好東西」、「原來背後有這樣的目的呀！」、「我也這麼覺得」、「既然廠商這麼努力，那就支持他們吧！」，要像這樣對產品、服務或相關人士有所共鳴，顧客才會掏出錢包，花用自己賺來的錢。

當你身為一名業務員，就必須說明自己將來想變得如何、想做什麼、藉此如何貢獻社會。業務員最起碼也是一份藉由自己的影響力來推動他人的工作，先讓自己的想法變得更加明確吧！

## ◎把想法化為語言的重要性

瞭解想法的重要性後，就要練習化為語言。如果想把自己的意圖在短時間內正確地傳達出去，化為語言就顯得非常重要。

有些人的情況是「老實說還沒有想做的事」、「還不清楚自己想做什麼」。「將來的事還早得很，哪會知道啊！」、「還有各種可能性啊，所以無法決定」，這種想法我也十分明白。

既然如此，那就改成設想不久的將來就行了，像是「既然當了業務員，就和各種人溝通，多少做些幫助別人的事」或「競爭對手都那麼努力，我也不能輸給他」。顧客會想知道你的意向，因為是花用自己所賺的錢，縱使金額不多，也不想付給意圖不明的人。換句話說，客戶希望看到你負責的態度，只要傳達出你的意向便合格了。

## 13 對工作的想法 對你而言工作的意義是什麼？

### ◎每天的行動都要有目的

大多數人一天之中為工作付出的時間最長，正因如此，對於這個問題的回答，在大部分情況下表現出一個人目前行動的立場。「工作是生存的手段，目的是為了賺錢。」如此回答的人，光眼前的事就應接不暇，處於無法思考其他事情的狀態。「工作是為了讓自己成長。」如果加上這種意旨，便是稍有餘裕、好奇心旺盛的狀態。經歷各種事情，理解何謂最大幸福的人，或許還會達觀地說出：「工作是人生最好的消磨時間方式。」因為他明白無聊的痛苦和忙碌的幸福。

這裡想問的是「有無目的意識」。跑業務是需要目的意識的工作，如果看不清為何採取這一步行動就會變得遲鈍。要是行動遲鈍，便無法打動客戶，也就不可能說服客戶，使對方瞭解產品與服務甚至有意購買。當有人問你「何謂工作？」時，你每天的每一個行動都要有目的，才能夠清楚地回答。

## ◎目的意識能維持自己的動機

理解為何而行動，對於維持自己的動機也大有幫助。有個著名的寓言說道，一名旅客走在街上，看到3名工匠在砌磚，他便詢問所為何事。第一位工匠粗魯地答道：「砌磚是我的工作。」第二位淡淡地回答：「砌磚是為了蓋牆壁。」最後一位則眼神充滿光彩地說：「砌磚是為了建造讓大家來做禮拜的教堂。」儘管表面上做著同樣的事，工作目的與意義不同，對成果也會帶來微妙的影響。假如你是砌磚工作的委託者，會發包給哪位工匠呢？

跑業務是面對人的工作。對方總有不高興的時候，也可能經常被冷淡地拒絕。無論何時，能否積極地面對工作，全看能否維持目的意識。

# 14 談論人生 對你而言人生的意義為何？

## ◎「〇〇觀」能讓你遇見好事

對年輕人而言或許還不瞭解人生的意義，然而，時常捫心自問「自己為何而生、自己是誰？」是非常重要的事。「〇〇觀」這種心中的提問，能讓你遇見好事。例如「人生應該如何？」、「工作應該如何？」、「何謂理想的職場？」、「何謂理想的朋友關係？」、「何謂人才？」、「公司應該如何？」這些人生觀、工作觀、職場觀、友情觀、人才觀、公司觀等，面對這些內心的提問，我們會產生「應該如此」的想法，當你有了自己的意見，在遇到更高明的見解時才會深受感動，並且恍然大悟地想：「沒錯。我想說的話、我該做的事、我的想法就是這樣。」

假如你沒有提問與意見，無論讀了一本多麼好的書，或是邂逅也許對自己的人生具有重大意義的人，對你而言也只是擦身而過。業務員是會遇見各種人的職業，接觸許多人的想法、受到重大的啟發，這份工作充滿了為自己人生帶來重大影響的邂逅。

## ◎強烈的想法就是強大的意志

此外，人無法獨自生存。大家都是做著某些事，一邊影響別人，一邊活著。換句話說，思考人生意義，就是思考自己想做什麼，並且為誰帶來哪些影響。這經常被比喻成，你想在自己的墓碑上刻上什麼字句。你的墓碑寫的可能是「掌控世界，帶領人們獲得幸福的男人沉眠於此」、「熱愛家庭，度過充滿愛的人生的人」、「將一生獻給災害復興的人」、「為藝術而生，不斷將感動帶給人們的女人」等等，思考自己的人生最後想獲得何種評價，人生的目的就會愈來愈清楚。

人在工作、家庭、學習、玩樂等方面，都是為了這個目的而努力。因此，這種想法愈強烈的人，對於工作就會愈努力。假如你希望在業務上獲得成果，在學習各種知識前，建議你先讓自己的想法變得明確，而且一定要非常強烈。強大的意志將會由此而生。

# 15 他人的想法 你是否瞭解高層與主管的想法？

## ◎想法是可以整合的

如果想讓「自己的想法」具體表現在自家公司的業務活動上，瞭解「公司高層與主管的想法」便十分重要。只要隸屬於組織、集體行動，工作時便無法忽視高層與主管的想法。比方說，高層的想法是「讓公司成為世界第一的通訊公司，使社會更加便利，讓大家得到幸福」，假如你自己的想法是「透過跑業務盡其所能地成長」，便可整合與高層有共鳴的部分，也許你對於跑業務的想法就會變成「透過通訊的業務，在公司成為世界第一的過程中，同時實現自我成長與人們的幸福」。再者，如果主管的想法是「持續達成目標，在公司裡成為第一名」，即使自己沒有這種想法，為了有一體感不妨整合成「擁有遠大的志向，思考如何使自己成長」。假使很難直接詢問高層的想法，瀏覽公司網站、聆聽期初的致詞便會隱約明白，至於主管的想法，就在一起跑業務的途中鼓起勇氣詢問吧！

## ◎整合想法就從交換開始

團隊工作時，要先瞭解彼此的想法。而要瞭解想法，必須設下交換想法的時間與場合。若能整合團隊的想法，將會形成巨大的力量，團隊的意志，即團隊的努力將會從整合的想法中得到發揮。

不過，和他人交換想法時，要先從有意見的人開始說起。「這樣啊，其實我也這麼覺得」、「你是那樣想的啊！我是這麼想的，不過，再說說你的想法吧！」就像這樣，要先有人主動表達想法，對方才會回饋自己的想法。如此一來，就能思考雙方可以整合、也就是有共鳴的部分，將之轉變成「共通的想法」。雖然有點困難，此時會利用提高「抽象度」的技術。「跳躍」、「跑步」、「投擲」的抽象度提升一級便是「運動」。縱使每個人想做的事零散瑣碎，只要將抽象度提升一級，就能看見共通的部分。

## 16 成長的方法 你是否知道人如何才能成長？

### ◎想成長，就要爭取機會做出成果

你到目前為止，什麼時候成長最多呢？是不是定下比自己實力略高的目標、努力超越，勉強達成的瞬間呢？當然，也有可能從失敗中學到不少，但終究是最後獲得成功才能學到寶貴的經驗。若在持續失敗時半途而廢，就只會留下失敗感。換言之，努力得到結果的那一瞬間，最能實際感受到成長。同時，目標必須比自己的實力略高一些。目標太高將無法達成，目標太低也許就不會努力了。

也就是說，所謂成長是成立於「機會×結果」的方程式上。就主管而言，是給下屬一個略微超出實力的機會，並指導下屬達成目標；就當事者而言，則是主動爭取這樣的機會，設法努力做出成果。如果想要成長，就別選擇輕鬆的路，應該爭取比目前實力略高的目標、職務或職位，而且一定要拿出成果。

## ◎別想只靠自己的力量

拿出成果的重點是，絕對不要只靠自己埋頭苦幹。簡單地說，能請人幫助的地方就儘管開口，能仿效的地方就應該積極仿效。人往往容易覺得重要的事找人商量就不會增加實力，然而要知道，你現在所挑戰的是沒有答案的難題、是超出自己實力的目標。而且，你想要得到的是結果。如果跳過所有過程也能獲得結果，那就直接拿出成果吧！

然後，重點在於從今以後。你要細細回顧為何能得到結果，讓這個過程變成自己的一部分，並且再去尋求同樣的機會。這次你自己就能辦到。如此反覆做出成果，總有一天，你一定會面臨無論是問人或仿效他人都難以解決的問題，直到此時，你再自行思考、煩惱，並想出解決辦法，這就是屬於你的瓶頸與戰役。而身經百戰能使你更加成長。

## 17 高舉遠大的目標 你的突破是什麼？

### ◎身經百戰讓你超越自己

無法借助他人的力量，也沒有仿效的對象，可是不拿出成果便無法前進的狀態就稱為「修羅場」。你經歷過多少次了呢？追求略高於自己實力的目標，或是突然被託付重任就必定會遇見這種場面。由於被逼進了想逃也逃不了的狀況，因此可說是面臨前所未有的嚴苛處境。然而，正是這種時候，才是重新檢視自己的好機會。你將能看清自己究竟想做什麼、能做什麼，並且該做什麼。然後，想要突破困境，你只得一邊注意所有的事，一邊相信自己、採取行動。努力過後，縱使結果未必百分之百滿意，你也會到達某個境界。就算只完成了60％，也比你預料中根本做不到的0％好上太多。這種自信就是你的突破，正是你超越自己的瞬間。歷劫歸來的人會脫胎換骨，就是這個原因。

## ◎「強化想法」的人會變得強大

我希望各位想一想，為何你能突破試煉？許多人必定是從自己過去的經驗出發，根據當下的直覺來下判斷，稍微思考一下就會發覺，之所以能產生這樣的直覺，都是因為過去曾有過某些經驗。如此一來，你會發現經歷許多事情是很有意義的，當有機會面對不曾經歷過的事情時，就要盡可能地嘗試挑戰。與此同時，也要重視每一次的經驗。你將明白，每次經驗都有助於實現自己的想法，並重新思考想法的重要性。

沒錯，艱苦奮戰的經驗會讓你重新發現自己的想法，並且對於「強化想法」大有助益，這樣你才能變得更為強大。有想法的人都是身經百戰，而且實力堅強的。倘若你想超越自己，就應該定下比自己實力略高的目標，並且設法抓住更多機會。

# 18 培養好習慣 你總是先做的事情是什麼？

## ◎為何你無法改變？

人都想維持現狀，避免變化與未知數，即使明白掌握變化與未知數的人才能得到利益。這是因為一般人傾向於認為，比起從利益中獲得的滿足，損失所帶來的痛苦更巨大，稱為「現狀偏誤」（成見）。因為擔心改變現狀「可能會失去什麼」的不安，遠遠超過「一定會獲得成果」的期待。

明明有強烈的想法，但看看自己的作為，實在無法相信能達成目標，如此日復一日下去是常見的事。假如想改變自己，就要從你的習慣著手。如果不改變習慣，縱使斷然地採取行動，也會陷入剛才所說的現狀偏誤，立刻故態復萌。若要維持可望改變的狀態，就必須讓想改變的行動變得理所當然。早上8點起床的人，如果下定決心要在6點起床，就得持續努力讓6點起床變成自己的習慣。

## ◎你是否明白「改變自己」是怎麼一回事？

常言道：「思想造就你的行動，行動則養成你的習慣。」「習慣造就人格，人格造就命運。」其中最值得注意的就是習慣。只要努力養成好習慣，自然會造就你的人格，並且成就你的命運。請養成實現自己想法的習慣，假使你有想成為頂尖業務員的想法，就該注意頂尖業務員有哪些習慣。

在意口臭，每次飯後都會刷牙；注意服裝儀容，每天早上都照全身鏡，連髮型一併檢查；檢視皮包裡所放的東西；發郵件向談生意的對象致謝；今日事今日畢；一定會整理筆記；讀完一本書會歸納重點；回顧今天一整天所發生的事，擬定明天的計畫……想成為一流人士，將一流人士所做的事變成自己的習慣就是最快的捷徑。如此一來，你也會逐漸養成一流的人格，開啟命運的大門。

## 19 斷絕惡習 你是否清楚「羈絆」與「障礙」的差別？

### ◎破除障礙奮發向上

在人與人的關係中，你拜託別人，對方就會設法幫你解決問題的關係稱為「羈絆」。反之，對方一旦拜託你就不得不處理，這種關係則稱為「障礙」。

人誕生於世，有一段時間能活在幾乎都是羈絆的世界中。父母與親戚，老師與新朋友，大家都會為你做些什麼。但是，等到你結婚生子，在公司裡的責任增加後，就不能任性地過活，違背意願、不得不為的事也逐漸增加，這就是障礙。公司也是，設立幾年後，像是最近表現很差的供應商，或愛抱怨的顧客等，你很想斷絕的關係多到數不清，可是一想到以前的來往，很多關係也不能說斷就斷。如此一來，就很難開創新的事物。

即使明白養成新習慣才能改變，卻無法破除過去的障礙，你是否置身於這種處境呢？這樣你就無法實現你的想法。

## ◎讓障礙轉變為羈絆

為了實現想法，你必須破除障礙、決心奮發向上。因為關係不能說斷就斷，你得想辦法說服對方、花時間改變關係，而這需要強大的意志力。假設你實在很想學習英文，為了實現自己想做的事，你就要讓家人理解學費、學習時間和你在家裡的角色變更。此外，想在公司負責新職務時也一樣，必須向相關人員說明原因，使他們瞭解為何有這個必要，並且讓組織認同你想做的事。

無論如何都要完成想法的意志，能讓你更快實現想做的事。正因如此，平時就要認清羈絆與障礙的差異，並且盡可能努力地將形成障礙的關係轉變為羈絆。你得主動設法改變。

## 20 面對糾葛當機立斷 你知道地位提高是怎麼一回事嗎？

### ◎面對糾葛當機立斷，是主管應盡的責任

如果想在組織內實現自己的想法，必定會有顧此失彼的情形。放眼未來明知很重要的事情，卻因為當前的業務而忙到沒有時間去做（長期與短期的糾葛）。或者，雖是自己想做的工作，但從整體來看欠缺平衡；反之，從整體來看或許有必要，但對自己極為不便（整體與部分的糾葛）。主管的意見與判斷和自己的意見對立；自己的意見與同事的意見對立；自己部門的利害關係和其他部門的利害關係對立（職務與職務的糾葛）。業務部想降低成本的對策太短視近利（成本與價格的糾葛）。這些問題若未妥善處理，之後心裡就會產生疙瘩。

然而，大家若是站在管理組織的領導者立場，就很難只推動其中一方吧？必須取得平衡，做出決定。其實主管的工作正是妥善處理糾葛，讓組織往好的方向前進。當地位愈高，眼前的糾葛就會愈複雜，此時便需要當機立斷。

### ◎決斷不能偏離目的

因此，社長擔負的職責是處理公司內最大的糾葛。追求「利益」或「員工的幸福」，依想法不同很可能成為糾葛產生的原因。地位提高就要盡責地處理職責內的糾葛，而且，每個人的想法愈強烈，也就是職場中的力量拉鋸愈強，糾葛就會愈大。這從無論如何都想達成目標，或者不管怎樣也要堅守品質的想法愈強烈，領導者做出妥協讓步便能減輕其氣勢就能看得出來。

如果想強化組織的推動力，就要增強決斷力來善加處理對立的糾葛。首先要養成「思考為何要做決定」的習慣，因為若偏離目的，事態就很難收拾。比方說「現在比起個人，更應思考整體的狀況，所以要以這點為優先」、「現在是增加組織氣勢的時候，所以須投入成本」，無論如何都要像這樣強烈意識到目的，不屈不撓地說服對方。

# 21 填補差距 你是有創造力的人，還是……？

## ◎具有創造力的緊張感，會被不安的情緒摧毀

試著在組織內實現想法的過程中，目標或理想與現狀之間會產生差距。想法愈強烈，差距就會愈大。要想填補這種差距，你只能多方挑戰，一步步將差距弭平。專注於細節需要緊張感，而且，人受到愈多限制，就會愈有創造力。與其叫藝術家自由創作，不如要他在一定大小的白色畫布上用顏料作畫，這麼做更能激發他的創造力，他會拚命思考如何表現才能傳達自己的想法，箇中道理是相同的。

你也必須把實現想法的具體目標當成自己所受到的限制，拚命地絞盡腦汁，這種狀態稱為「創造性張力」（creative tension）。不過，過程中屢屢碰到不安與失敗所帶來的灰心、失望或悲傷等情緒，可能會使你放棄追逐遠大的理想，降低標準來迎合現狀，這種狀態就是「情緒性張力」（emotional tension）。

## ◎全面貫徹「反對安逸」的態度

看過電影《星際大戰》的人，請想像一下電影中屢次出現的「原力黑暗面」，或許能夠加速理解。電影中，持有原力（force）卻因為害怕無法維持這種力量而感到不安的人，就會墮入黑暗。

假如你想實現想法，就得學習各種業務能力，並運用這些能力來達成目標。倘若輸給不安、不戰而逃，走向安逸的方向，距離想法的實現就會更加遙遠。心裡想著「這麼做也一定會失敗」，因而不再努力、隨便應付，或者果斷地嘗試卻遭遇嚴重失敗，就認定這條路不適合自己而改走另一條路，我們必須避免屈服於這種情緒性張力。想要實現想法，就要「始終反對安逸」，擁有遠大志向的你，必須貫徹堅強的態度。

# 22 與內心對話 你的想法符合現實嗎？夠深入嗎？

## ◎想強化想法，就要有共鳴或感動，並加以串連

跑業務某種意義上是很麻煩的工作，做出成果也很花時間。要先瞭解產品與服務、和顧客約時間見面、登門拜訪說明、理解顧客的感受、讓顧客有意購買、說服對方，有時還得運用策略促使對方訂購，交貨還要讓對方滿意才行。這工作必須分成數次進行免得讓顧客的感覺中斷，如果對方退縮了就得重來一次，好不容易才能成交一件。過程中也要跟主管或團隊成員反覆商量，面對所有人都要維持良好形象，時時充滿著緊張感。想做的事必須相當明確，動機也是必備的，也就是說，若沒有強烈的想法就不適合做這一行。

想跑業務，擁有強烈的想法是首要之務，而且還要強化自己的想法，絕不動搖。而內省習慣也很有幫助，實踐（群化）自己的想法並化為語言（外化），便會遇見能加深你想法之人。你會碰到深表同感或性情不同的人，獲得共鳴與感動。

## ◎與自己的內心對話，能否讓想法化為實際將使成果出現差異

當共鳴、感動與自己的想法連結（融合）時，請試著內省（內化）並加以解讀（參照問題11的圖）。如此一來，共鳴與感動便會加進自己的想法當中，接著再進一步去實踐這樣的想法，並以更加深化的狀態化為語言，想法就會變得愈來愈強烈。

沒錯！與人交換想法，獲得共鳴和感動，再藉由與自己的內心對話，就能加深自己的想法。你接觸過多少人的想法呢？再者，你會大膽吐露自己的想法，或聆聽對方的想法並且互相交換嗎？就算對象不是人，看書、看電影或風景也行。總之，你應該盡量多接觸能促使自己產生強烈想法的美妙事物。業務員必須非常細心仔細地做好費事的工作，請強化自己的想法，使它愈來愈接近現實，這麼做就能提高執行力，使成果產生大幅的差距。從現在開始讓你的想法化為實際，並且不斷地加深吧！

## 注意要點

用你的話整理成語言（概念化）吧！然後再閱讀一次正文並且反省。如此一來，就能提高技能，實力將更加提升喔！

- ☑你想透過跑業務實現什麼？
- ☑你工作的目的為何？是否明確？
- ☑對你而言人生的意義是什麼？你有每天思考嗎？
- ☑你是否會跟主管、下屬交換自己的想法？而你清楚自己的想法嗎？
- ☑你是如何成長的呢？哪些因素對於成長來說很重要？
- ☑你人生中最重要的一場戰役是什麼？你是如何度過的？
- ☑你最近有任何改變嗎？假如沒有，是哪些習慣阻礙了你？
- ☑對你而言必須解決的障礙是什麼？要如何解決？
- ☑你的糾葛為何？如果必須處理，那麼目的又是什麼？
- ☑你為了自己，正和什麼奮戰著？有沒有因此而降低未來的目標？
- ☑你最近從何處獲得共鳴與感動？或者有讓誰產生共鳴與感動嗎？

第3章

[工作流程]

# 分解過程
# 以瞭解須改善之處

# 23 分解流程 你能否把工作分解成幾個流程？

## ◎所謂瞭解自己的工作，就是能夠分解它

請試著將自己的工作分解成幾個流程。你是否能一件不漏地分解自己該做的事呢？可以做到的，就是對自己的工作清楚明瞭的人。「能夠分解」等同於「清楚明瞭」。例如，「收集資訊（列出清單）、接觸客戶、建立關係、掌握需求、調整訂單（商務洽談或簽約）、請款與回收、售後服務，就是我一連串的業務流程」，能夠像這樣清楚分解過程，代表十分瞭解自己的工作。

相反地，「接觸客戶、成交、後續追蹤就是我的工作」，如果分解內容如此草率，表示並未充分理解如何才能成功簽約、如何才能使自己的工作完結。不過，要是分解方式過於仔細，只要條件不同就會使工作內容與進行流程完全改變，這樣反而會讓人無法判斷優先順序，使狀況總是不穩定且含糊不清。請試著好好分解自己該做的事情吧！

## ◎比較每個流程或對照其他人，就會更瞭解自己

此外，你還必須掌握自己得在哪個部分更加努力，或是哪邊不夠仔細，只要每天在拜訪客戶後，確認自己做出哪些成果就會明白。分解各個流程的每月合計除以每月的總拜訪件數就能求出比率，並且能與其他流程進行數量上的比較。倘若能對照團隊中其他人的表現，就能瞭解自己哪裡太過，哪裡不足。

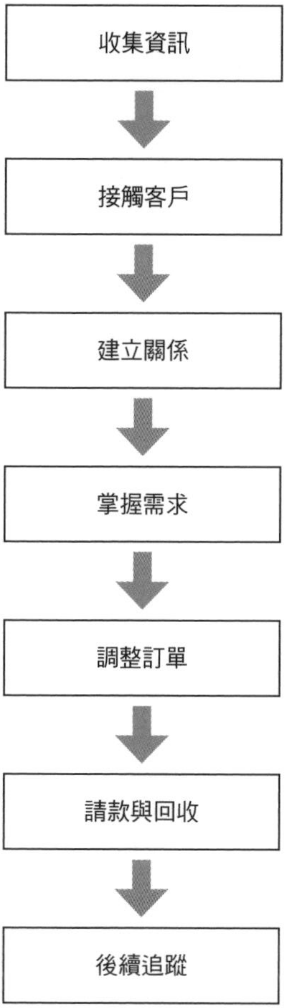

# 24 業務知識 你是否清楚自己擁有的知識與不足的知識為何？

## ◎掌握你擁有與不足的知識

能分解自己的工作流程後，接下來要確認你正在運用哪些業務知識，以及是否覺得足夠。確認時，可以使用○、◎、△、×等符號，例如，「收集資訊」這個項目的相關知識，可以標記為「列出公司清單◎」、「瞭解企業×」、「掌握負責人與批准程序△」、「過去的業務記錄○」。如此一來，就能充分理解自己具備哪些知識，又有哪些不足。我將業務知識分類如下：

**收集資訊**——列出公司清單、瞭解企業、掌握負責人與批准程序、過去的業務記錄等相關知識

**接觸客戶**——約定會面、獲得介紹、初次拜訪、取得課題的方法

**建立關係**——傾聽、提問、說明產品、推廣企業形象、自我宣傳、交換想法等技巧

**掌握需求**——設定提問項目、判斷需求（時期、大小、數量、種類、預算）、確認批准程序、判斷能否交貨的方法

**調整訂單**——進行商務洽談、提升對策影響力、面對提問的應對、討價還價、成交等技巧

**請款與回收**——契約書寫法、確認訂單內容、請款、決定規約、訂單經費與利潤等相關知識

**售後服務**——交貨、處理客訴、確認下個課題、滿足顧客、登門致謝的方法

## ◎積極學習不足的知識

在此舉出了我的做法，假如你想累積成自己的業務知識，就分別命名換個說法吧！如果自己思考會感到不安的人，可以和同事一起進行，也可以請主管協助。重點在於，掌握完成自己的工作需要哪些知識，以及瞭解知識的累積程度。配合從工作裡分解出來的流程，一有機會就全面檢視看看。如果感到不足，就向主管或前輩請教，或是閱讀書籍增長知識。

# 25 收集顧客的資訊 你能否說明顧客的經營課題？

## ◎該公司有心處理的課題，和下訂單與否有關

所謂顧客的經營課題，是指客戶公司現在最想實現的事。在收集顧客資訊時，打聽出他們的經營課題就是最重要的事。問題與課題的差別在前面談過了，已經成為問題的事情，通常客戶早就以各種方法著手解決，況且競爭對手的存在也不容忽視。而當問題十分明確時，客戶通常會想盡可能壓低解決的成本，所以能夠獲得的利潤多半也不高。

相較之下，今後最想當成課題的部分，即使再花錢也會想要執行，所以值得一試，例如，當課題是裁員或削減成本時，就會在這方面不惜投資。而且，如果不順著顧客的經營課題來提案，通常在審核時就會被降低處理的優先順序，或是根本不會予以審核。假如你非常努力地跑業務，卻遲遲沒有進展，或是原本談得好好的，中途卻突然踩煞車，很有可能是你的提案內容沒有順著對方的經營課題，或是偏離了顧客的意願。

## ◎盡可能直接詢問

從一間公司發行的刊物或客觀的報導，就能夠推測該公司的經營課題，不過最正確的掌握方法是請主管同行，去拜訪你們所能見到的、該公司的最上位者，並且直接詢問。或許有人會感到訝異：「在接觸客戶前，為了收集資訊而拜訪嗎？」不過我稱之為「表示敬意的訪問」，藉此說服公司內部，對顧客方面可用致謝為由，從以往的交易或來往中找出道謝的藉口，設法和那時能見到的最高幹部約定會面。

而且，不只確認經營課題，關於往後想推銷的產品，也要請自己的主管說明，並請對方介紹第一線的負責人，這是常見的手法。假如這個方法成功了，接下來的商務洽談就能遵循經營課題而得到保障，就對方的負責人而言，你的公司也會比其他公司更容易進行交易。相反地，如果自家產品並不符合經營課題，就能及早判斷今後對於這間公司不用白費力氣。

# 26 接觸顧客 能否透過言語讓顧客有意購買？

## ◎瞭解顧客想要什麼，而且光是提供還不夠

對於不在店裡等待、主動拜訪顧客的業務員而言，讓他們有意購買正是接觸顧客時最重要的行為，這個階段的任務被稱為「激起顧客動機」，因為倘若顧客沒有意願購買，就很難進展到下訂單的階段。請想像一下商店裡的銷售員，他們的業績全憑仔細觀察顧客的打扮、眼神、動作與言詞等，以及能否想像顧客想要的東西而定，還要能正確迅速地拿到顧客面前。此時不需要種種說明，與其開口說服，不如將顧客想要的東西拿到他們面前更能縮短時間，也才能賣出更多商品。

這在銷售領域被稱為「跑進後台的速度」，是能多早到達「進入倉庫取貨」階段的意思。但是親自拜訪顧客的業務員，光憑這些知識賣不出產品。在會客室見面時，顧客想做什麼、想要什麼，都得透過言語打聽出來。此時必須先獲得顧客的共鳴，讓對方敞開心胸。

## ◎誠心誠意地談談你是誰，以及對顧客有何幫助

要想獲得顧客的共鳴，使對方敞開心胸、說出自己的要求，就必須先讓對方理解自家公司以及自己是誰。並且要讓對方瞭解，自家公司或自己能為對方的公司或對方做些什麼。關鍵在於能否順利讓對方理解、切中核心、使對方敞開心胸，換言之，對方有多少意願將決定一切。

在介紹說明軟銀時，只說「我們是行動電話公司」，和說「我們公司不只行動電話，還能讓您以所有方法利用數位資訊，使貴公司的工作獲得最高效率」，會有截然不同的印象吧？「這種事辦得到嗎？」以後者的方式介紹，如此追問的顧客也會增加。具體而言，對方會產生「能派上用場」的印象。業務員必須瞭解顧客想要什麼，除了說明提供的產品與服務，也要有能夠敘述自己來歷的能力。

# 27 建立關係 你對對方負責人與他的主管能調查得多詳細？

## ◎人會對努力的過程投以溫暖的目光

建立關係時，詳細瞭解對方十分重要。尤其如果想建立良好的關係，就得注意對方的努力過程，並表達關心和同理。比方說，想像對方是地方出身，由於上大學而來到東京，畢業後直接在東京就業，後來在某間企業一路爬上部長的職位。也許他來到東京時內心非常不安，或是在就業、結婚、養育子女的過程中，不借助父母的幫助，和妻子兩人一起努力，在公司裡光是升上管理職，就吃了不少苦。到達這個地位之前，在公司裡或許也經歷過許多事，度過幾次驚險場面。

的確，每個人都有過去。即使看似無風無雨，也一定付出過一番努力。而當他努力的過程被觸及時，就會不由得想多聊一些。如果想建立人際關係，在商務洽談前，應該盡力調查對方的背景。

## ◎徹底傾聽能建立良好的人際關係

傾聽的技巧並非只用來瞭解對方。人只會對徹底瞭解自己的人敞開心胸，並且想為對方做些什麼。「士為知己者死」，這句話出自《史記》，代表所謂傾聽，也是讓人為你做事的技巧。而徹底調查對方負責人與其主管的行為，可以讓傾聽更加順利。

雖說是調查，但也不是像間諜那麼深入的程度，而是透過向許多人打聽他們是怎樣的人、付出哪些努力、現在面對哪些問題、想要有何突破，去探問這些正面的事情。初次拜訪時，將事先調查的事當成跳板，第二次以後、有時間能慢慢傾聽時，就可以更詳細地傾聽對方所說的話。對方也是人，如果讓他們覺得你關心他們，肯定就能建立良好的人際關係。

# 28 掌握需求 顧客現在想要什麼，你能否整理成3大類？

## ◎掌握需求與掌握種子，你該重視哪一個？

我在前面說過，能分解流程就能清楚瞭解事物，至於掌握需求，如果你能把對方目前希望你做的事分成3大類，並且排出優先順序，便是已經確實掌握。首先，你瞭解需求（needs）與種子（seeds）的差別嗎？需求是指顧客追求的東西，也就是需要。另一方面，種子則是企業持有的全新事業種子（技術與服務）。認清需求，是指弄清楚顧客心中已經產生或即將浮上檯面的需求，然後判斷自家公司的產品是否符合，假如可行，就盡可能配合改變。而認清種子，則是預測社會想要的、解決問題的方法，經由提案來引發顧客心中的需要（需求）。

換言之，想認清或創造種子，需要相對龐大的資金與實力，所以是適合大型企業的策略。比起資金與實力，以構想決勝負的中堅企業，則應該先掌握顧客想要什麼，也就是需求，然後與自家產品和服務徹底結合。

## ◎掌握3項要素，找出顧客需求

為此，要將顧客視為課題的問題，分成公司內部的問題（關於人事與生產）和公司外部的問題（關於客戶與銷售）兩大類，接著再分成與時間要素（速度與交期）、感覺要素（品質與努力程度）和結果要素（過程與成果）相關的3種類型，並且決定優先順序。大致上，顧客感到困擾的問題就分成2×3種，這就是顧客的需求。在這些要素中，為了正確解釋顧客的需求，有時必須更進一步深入追究。例如，仔細聆聽「提升提供服務的速度」的談話內容時，顧客可能會發覺其實自己是想採用「縮短採購交期的機制」而中途改變洽談內容，這是常有的事。如果你是業務員，將顧客的問題分成兩大類後，必須按照這3項要素反覆提問，以發現真正的需求，並決定優先順序，然後判斷自家公司的產品與服務是否符合，或者能否接近顧客的需求。

# 29 提案並接受訂單
# 你的提案能否超出對方的期待？

能夠說明自己來歷、與顧客建立關係，並且認清顧客的需求後，就要擬出提案。你的提案能夠超出顧客的期待嗎？這正是顧客能否讓提案在其公司內部過關的關鍵。是否能超出期待，一言以蔽之，端看是不是能向顧客提出全新的遠景。將顧客的需求按優先順序排列，並明確指出不同於以往的時間要素、感覺要素、結果要素的解決方案，而且總和遠遠超過期待時，顧客就會想讓你的提案在公司內部通過。

## ◎別讓提案含糊不清，要更具體地指出步驟

先指出現狀和未來的樣貌，再依序詳細、具體地指出實現的方法吧！此時必須注意，別讓提案有含糊不清之處。在簡報結束階段，試著問對方「您能夠向主管說明嗎？」，要是他可以自信滿滿地說明便是成功了；假如有點缺乏自信，就表示仍有某些部分含糊不清。你必須繼續說明讓對方理解，或者再擬出一份提案，設法超出對方的期待。

## ◎也要超出批准程序中關鍵人物的期待

若能超出會面負責人的期待，再來就要注意顧客的組織。依提案的等級，有時負責人能獨自決定，有時則得和主管商量或提出書面請示（公司內部批准），你必須看清對方的決定權有多大，而且也得探聽對於決定最有影響力的人有何期待，因為你的提案必須超出他的期待。即使與你會面的負責人表示同意，但如果決策者並不同意，洽談就會戛然而止。你自己是否接受下屬的提案，也是全看下屬的提案能否超過你的期待，對吧？可以的話，就和對方直接見面談談。你要向負責人再次確認「這個案子會如何決定？」，並且說「可以的話，能讓我向您的主管說明嗎？」，或是「我的主管要我向您的主管說明」，思考與關鍵人物直接見面的方法，並且順著關鍵人物的意思，從頭重複一遍所有的步驟。

# 30 成交 該在何時準備策略呢？

## ◎先瞭解自己的餘裕，才會知道能順應對方多少要求

即使你深受顧客信任，對方仍有自己的立場。商業上的談判必須盡可能對己方有利。為使商務洽談盡量對自己有利，設法運作的行為就稱之為策略。當然，策略從洽談的一開始便已展開，不過最後階段，也就是成交階段的策略，會在顧客接受你提案內容的要點、決定詳細條件時開始。

此時的重點是，在訂定詳細契約，像是價格與範圍、支付條件、簽約期間和交期時必須決定的交易變數上，你能留有多少餘裕。能讓步多少的餘裕，正是策略的決勝關鍵。大多數情況下，會事先詢問對方的要求，據此，己方再提出條件；或是己方先開出條件，對方再提出要求，差別在於對方提出要求的時機。所謂策略，就是關鍵時刻在你有餘裕的範圍內，能順應對方多少要求，又能如何配合的行為。

## ◎「詢問對方要求前」的行為，正是策略成功的祕訣

想讓策略占優勢，聽取對方的要求之前，得在避免影響其購買意願的前提下，設法讓對方瞭解己方能維持銷售意願的範圍。顧客會表現出試探策略的態度，即使你話沒說明他也會提出問題，回答時只須清楚告知底線即可。

「價格絕對不能下降。不過合約期限還可以再商量。」要讓對方認清能讓步的地方與程度。而且，對方提出的最後要求，若是在你有餘裕的範圍內基本上就沒問題，即便是在希望的範圍內，如果想稍微占上風，就根據以往建立的信賴關係，將意思傳達給對方，並商量解決辦法。例如，「條件太苛刻了。這部分可以改成這樣嗎？」假如過去曾建立起信賴關係，對方也會看你讓步的程度而願意妥協。如果仍無法解決，你就得有條有理地仔細說明己方的難處。

# 31 後續追蹤 能否替顧客的成功感到開心，並提出下一個方案？

## ◎理解後續追蹤的目的

跑業務時，後續追蹤最大的目的在於向顧客爭取下一次的交易機會，或是請對方介紹可望交易的對象。如果不能達成這個目的，就讓後續追蹤與業務切割開，請其他單位承攬或許比較好。想達成目的，就得先證明顧客採用該產品與服務所得到的好處。這時要仔細確認交貨和之後的經過，以及與以往有何不同、有何改善，雙方一起提出，並加以整理、化為語言，這非常重要。如果疏忽這項作業，顧客就不會回顧採用該產品與服務的意義，反而容易將注意力轉移到你無法顧及之處。應該確實化為語言，讓對方省思其中意義，找出課題使必須改善之處與現況變得更好。而且你要讓對方知道你能解決這個課題，並提出下一個方案。

另外，當你和顧客一起因成功而感到開心時，可以詢問對方能否請他將這份喜悅與其他朋友或熟人分享，也就是能否幫你介紹客戶。雖然也得看對方是怎樣的人，但有一定的機率會增加潛在客戶。

## ◎為了讓對方認清下一個課題，要先使他們學會這方面的知識

讓對方認清下一個課題、爭取下次商務洽談機會的關鍵是，顧客用於理解該課題的知識是否充分。要是顧客的知識不夠充分，即使在回顧時能隱約明白課題，卻無法想像解決的手段與步驟，於是可能會放棄進一步的改善、滿足於現狀。因此，在顧客回顧採用過程時，或更早之前，最好花時間教導顧客解決課題所應該瞭解的知識。你下次將提出的其他服務或新技術、其詳細內容，以及該服務或技術所創造出來的世界觀能夠如何幫助顧客，這些優點必須分解成整體狀況與要素，使對方更容易瞭解。對方瞭解後，假如他表現出興趣，此時再進一步說明即可。

倘若你已經盡力讓對方詳細瞭解，對方卻仍然沒有興趣，就必須激起他的危機意識。把矛頭轉向該負責人的主管，或採用產品與服務後會感到最開心的部門，並且需要從開檢討會開始，重來一次。

## 32 反省與改善 你的工作有哪些不足之處？為何會如此？

### ◎你所分解的流程，是否為公司、自己部門和自己的理想狀態？

仔細閱讀本章的讀者，不妨檢視自己是否能分解業務流程，並且對照自己的想法，尤其是對於自家公司、自己部門和自己理想狀態的想法，瞭解流程是否正確，以及欠缺什麼而導致尚有不足，各位應該會發覺其中的重要性。例如，自家公司總是為社會的需求做出貢獻，以這種理想狀態為目標，然而，自己部門明明身為尖兵，卻在「掌握需求」的階段有所不足。此外，若是察覺自己也忽略了「收集資訊」與「後續追蹤」的流程，就要加以改變，更換成更完美的全新流程。

而且，在自認為重要的流程上，要認清需要哪些知識、思考需要多深入的知識，並提高學習知識的優先順序。這不僅限於追求公司與部門的理想狀態，「自己想成為怎樣的業務員？」這種自己的理想狀態（想法）也是相同的。如果沒有想成為的模樣，就不會徹底發揮實力，面對工作便不會盡心盡力。

## ◎思考流程時，要意識到自己想成為的模樣

如果希望成為善於談判的業務員，就得重視流程的中段，學習相關知識，而且要學得深入。關於流程，別只是整理成像「訂單調整」一樣籠統的項目，應該如「擬出提案↓簡報↓訂單交涉↓成交」般清楚劃分，並努力學習每個流程的相關知識。

如果想成為重視顧客關係的業務員，就得在流程的前半段盡力。例如，「收集公司資訊↓收集個人資訊↓接觸客戶↓建立關係↓獲得善意的批准程序」，像這樣加進鞏固關係的流程。如果身為幹部，認為自己的使命是思考如何從既有顧客增加銷售額，就得充實流程的後半段。「下訂單↓交貨調整↓交貨↓請款與回收↓再次產生課題↓教育顧客↓擬定企劃」，應該這樣預做準備，確實掌握下一個課題。總之，流程中要充滿自己的想法。

# 33 將經驗轉變為知識 你做了哪些努力來增加業務知識？

## ◎知識的起點始於行動與經驗

我在第1章的問題11說過，業務員的武器是業務知識。將經歷過的事化為語言（外化），參考各種建議與書上的內容（融合），擬定並計畫下一次行動（內化），在這些過程中便會產生知識。而且，如果想不斷增加知識，就要周全地執行這個循環，並提升循環的速度。不過起點當然是「經歷各種事情」。正所謂「百聞不如一見」、「百學不如一驗」。「這種時候就這麼辦」、「這樣一來，此種做法最好」，像這樣對於現場情況以自己的感覺掌握，並正確地化為語言使其變得具有意義，就能坦然地聽從建議或吸收其他知識。要是缺乏經歷，便無法深刻地反省。

如果想增加業務知識，就放手一試吧！猶豫時，「姑且一試」的態度非常重要。更進一步地說，「瞭解」與「實踐」是不同的。業務知識若不實踐看看，就無法活用。

## ◎經歷並且感受，讓知識變成智慧才能實際運用

我寫在本書的內容，對各位讀者而言只是資訊。想變成知識，就得經由前述的流程，才能化為己用。先理解資訊，擬定行動計畫，然後親身經歷。如果想更有效地運用，就必須把經驗變成自己能夠活用的東西，化為更具體的語言和感覺並且加以累積，這就是「讓知識變成智慧」的過程。

假設在做簡報前獲得的顧客個人資訊是業務知識，就要實際在商務洽談時說出「您是哪裡人？」、「睡魔在青森是唸『nebuta』還是『neputa』？」、「講『neputa』的是在弘前城附近吧？」等，必須學會將業務知識具體實踐的方法。此時，「大膽體驗↓確實感受↓化為語言思考↓對此準備進一步體驗↓再次大膽體驗」，經歷這些流程是不可或缺的。在增加業務知識的同時，也必須努力讓知識變成智慧。

## 注意要點

用你的話整理成語言（概念化）吧！然後再閱讀一次正文並且反省。如此一來，就能提高技能，實力將更加提升喔！

- ☑ 你能否將工作分解成數個流程？試試看吧！
- ☑ 每個流程中你所具備的知識為何？貼上標籤吧！
- ☑ 你是否清楚最重要的顧客目前急需面對的問題？
- ☑ 你最希望能引起顧客共鳴的事情是什麼？能化為語言嗎？
- ☑ 你的顧客努力至今的事情是什麼？
- ☑ 你的顧客目前最希望你做什麼？
- ☑ 你對顧客提出的方案，是否能超出顧客的期待？
- ☑ 你在談買賣之前，是否整理出絕不讓步的要點才出席？
- ☑ 你進行後續追蹤的目的為何？是否合乎道理？
- ☑ 你的業務流程是否能充分實現自己的想法？
- ☑ 「讓知識變成智慧」是怎麼一回事？

第4章

[瞭解自己和公司]

# 業務風格與思考方式的特色

# 34 瞭解自己 舉出5個成為你人生轉折點的事件

## ◎迷惘時所做的決定，能看出你的價值基準

請試著思考一下這樣的事件。在人生當中，猶豫著該選擇A還是B時，明明可以是B最後卻選擇了A，這是為什麼呢？

例如，稍微努力一點或許能上想唸的大學，但卻選了確定會錄取的本地大學。又比方說，你有一個最喜歡的青梅竹馬，可是暫時分隔兩地，你並沒有確認她的心意就和朋友介紹的、現在的配偶結婚了。有些人在某個階段前是這樣懵懵懂懂地度過消極的人生。

相反地，有人以前不愛運動，卻在高中社團活動加入了校內最有名的足球社，成功當上正式選手，並且在全國大賽出場比賽。也有人就業分發時被派到地方城市，而且接到不喜歡的職務任免命令，本想提出辭呈立刻辭職，但前輩建議先努力3年、極力慰留，努力3年後，這個職務反而變成了天職，出乎意料地開創了未來。肯定也有人像這樣積極挑戰，度過難關後使得人生境況好轉。

## ◎價值基準也會隨著人生階段而改變

希望大家舉出5個這樣的事件，如此就能看清你在下決心時，潛藏於內心深處的習性與習慣，這正是你的價值基準。漫長的人生中，有時在半路上價值基準會發生改變。

像我的情況，感覺人生前半段所做的選擇，都是想要贏過別人，絕對不想輸。不管是升學、社團活動或是就業，還有工作時的目標方向，全都不想輸給別人，在自己的能力範圍內想創造自己專屬的位置。然而，生了孩子、帶領許多下屬，也經歷過降職等痛苦的事件後，我漸漸開始面對自己，思考我想做什麼、能做什麼、該做什麼，並且不再與他人比較。我的價值基準開始產生變化，變得想活用自己的人脈和以往的經驗貢獻人群，發揮自己最大的能力。現在，我不會再憑藉以前的價值基準做出重大的抉擇。

# 35 掌握思考的習性 隱藏在你想法深處的思考習慣是什麼？

## ◎你下決定時的習性與習慣，也會深深影響商場上的判斷

無論如何都想贏過別人、不想輸的價值觀，和想獲得他人認同、絕對不允許被輕視的價值觀似是而非。此外，就算壓抑自己也要為他人付出、想要有所貢獻的價值觀，和總是謀求安全與安心、避免自己成為眾矢之的的價值觀，細想之下也不一樣。你猶豫於A或B的選擇時，下決定的深層心理是如何呢？即使自認為如此，仔細一想其實不盡然，這是常有的事。

不太清楚自己的深層心理時，可試著舉出5個自己的選擇，請別人幫忙看並且指出來，你可能會覺得答案大多出乎意料。此時的重點在於，掌握你思考的習性與習慣。在你採取某些行動，或者下決定時，會被這些思考的習性與習慣所影響。舉例來說，在商場上顧慮自己的安全，傾向避免成為眾矢之的的人，明明到了不果斷採取行動就會錯失機會的時候，他仍舊只顧著找藉口，想必各位能夠明白這種行為了吧？

## ◎人不想改變習性與習慣，是因為認為那是正確的

人們會傾向於維持現狀，以避免重大的變化與未知數。比起改變所獲得的利益，往往判斷失去的痛苦會更大，這稱為現狀偏誤（偏見）。在商場上必須全面地判斷狀況，以導出適當的答案，這點十分重要。然而，實際上卻都是全憑人的判斷，是藉由以往的習性與習慣，也就是按照價值基準來做判斷的，而充分理解這一點非常關鍵。

經常冒險、挑戰的人，其價值基準正是滿足自己的好奇心，若是個人的事倒無所謂，可是關於商場上的判斷，下屬與身邊的人都會希望你更加冷靜地採取行動。而總是詳盡分析、弄清事實的人，其價值基準則容易堅持自己重視的事，在商場上做判斷時，可能會見樹不見林，或者在左思右想時早已錯失機會。你的習性與習慣又是什麼呢？

# 36 確認業務風格 你採取的是哪一種業務風格？

## ◎先瞭解自己，再瞭解自己的業務風格

你是否瞭解自己以往下決定時的深層心理，也就是你的習性、習慣與價值基準呢？大致區分之後，可以分成4類：以贏過別人為優先，任何事都能合理地達成目標的第一類；以獲得他人認同為優先，為了受到矚目而不辭辛勞的第二類；以他人的心情為優先，任何事都穩妥處理的第三類；以自己的道理和理論為優先，任何事都要證實與分析的第四類。

雖然這稱為社交風格，但也經常表現在業務員的行動特性上。重點是理解自己重視什麼，並瞭解使用在不同對象身上，可能是長處也可能是短處。更進一步地說，人所提出的方針與決定，傾向於依據自己所重視的價值基準。孫子有句名言是「知己知彼，百戰不殆」，不過還是先從瞭解自己開始吧！如果瞭解自己，配合對象與狀況，也能提出與自己的價值基準不同方向的策略。面對不善於應付的對象與狀況時，就用這個方法克服吧！

## ◎跑業務時活用自己的長處，並留意克服弱點

以贏過別人為優先的第一類，雖然做事俐落這點很不錯，可是鮮少與他人閒聊，事事過於要求合理，容易被當成冷漠的人。以獲得他人認同為優先的第二類，雖然話題多是很好，可是有點不可靠，會被認為難當大任。以他人的心情為優先的第三類，雖然可以注意到旁人的感受，但卻缺乏主見，容易被視為優柔寡斷的人。重視自己的道理和理論的第四類，雖然予人安心感和穩定感，可是行動緩慢，令人不明白他在想什麼。

如此看來，當自己心中的價值基準變成自己行動的規則時，依對象與狀況不同，可能會暴露出自己的弱點。這麼一來，便會縮小人際關係的好球區，在生意上造成阻礙。假如你不只瞭解自己的價值基準，也能理解他人的價值基準，在跑業務的場合中，就能適當地判斷情況，並且配合對方採取行動。

## 37 瞭解自家公司 從公司歷史中選出成為轉折點的事件

你於本章所學習的價值基準也能應用於公司。在自家公司的歷史中，成為轉折點的事件造就了現在的公司。請從公司網站的沿革中舉出5個這樣的事件。

若是我待過的瑞可利，我會選出以下5個事件：1962年《邀請企業》創刊；1975年、1976年《就職情報》（錄用有工作經驗者的專門雜誌）、《住宅情報》創刊；1981年瑞可利銀座8丁目大樓竣工；1988年發生瑞可利事件；2014年股票上市。1962年《邀請企業》創刊，建立了「收集資訊、提高價值，並傳達給想要的人」這樣的商業模式；1975年、1976年《就職情報》、《住宅情報》創刊，從事業達到頂點正式邁向多角化經營，並且從支援錄用應屆大學畢業生的「季節性勞動」中試圖擺脫，這一點是重大的轉變。另外，1981年瑞可利銀座8丁目大樓竣工，展現出從創業者的私人企業，轉變為大企業的決心。1988年的瑞可利事件（創業者江副浩正將相關公司的未公開

### ◎看看自家公司網站上的沿革或歷史

股票廣發給政財官界，演變成重大醜聞），在社會輿論下被迫改變方針，並且全面接受；2014年股票上市，醜聞的傷痕也已經癒合，決定正式轉型為全球化企業，這幾點都具有價值。

## ◎公司亦會形成價值基準

如此看來，企業也能轉舵航向A或B。那麼，為何會選擇A呢？一定是遇到了它的轉折點。剛創立不久時，企業會強烈地反映出創業者的意志，不過當員工超過10名以後，只要創立者不是獨裁者，必定會產生組織的全體意見。比起獨自思考，大家一起思考才能集思廣益，因此會召開會議。如果不讓大家都同意，員工就不會產生幹勁，使得事業變得舉步維艱，無法面對困難的狀況。所以，縱使不能同意，也要商量到他們可以接受的狀態。判斷正確與否是另外一回事，不過收集資訊、提出替代方案，做出大家能夠接受的選擇，這就是組織的決策。

換言之，企業是由成員所組成的。剛好因為某個目的聚集而來的成員，做出可以接受的選擇，並且不斷地反覆。換句話說，企業一直以來重視的、今後也會重視的價值基準，正是如此產生的。

## 38 自家公司的價值基準

# 公司面臨轉折點時的判斷基準為何？

### ◎一直以來和今後都會重視的價值基準

前述代表瑞可利的5個事件，也就是公司面臨轉折點時做出重大抉擇的判斷基準，前半段是不厭其煩地追求成長，後半段則是獲得完善的環境，以期能夠塑造公司的理念——「創造全新價值」。企業也有最能代表自己，一直以來都很重視，今後也會重視下去的、絕不讓步的價值基準。

我們剛進公司時，瑞可利的成員都希望自己比其他企業的員工更快成長，獲得更多經驗，幾乎所有人追求的人生經驗都是最高的薪資和最快的升遷管道。爆發醜聞之後，若能自主地參與有趣、獨一無二的工作，就會想繼續留在公司，但因為不行而離開的人也不少。或許有些人是例外，若是以前的Nissan員工，如同「技術的Nissan」這句口號所說的那樣，只要當時的汽車技術能力不輸給別人，其他就沒什麼關係了。假如身為電通人，如果不遵循這個日本第一廣告公司所提出的「鬼十則」的話，電通就不再是電通了，會這麼想的人也不少。

## ◎姑且不論正確與否，要意識到「我們是誰？」

這些價值基準，也可能將企業的判斷導向錯誤的方向。瑞可利的價值基準造成瑞可利事件，而Nissan汽車陷入經營危機、電通引發過勞自殺問題皆起因於此。但顯然地，在某段期間這些習性與習慣能讓許多員工士氣高漲、激起他們的幹勁。習性與習慣當然要跟上時代，檢視其正確與否的眼光也十分重要，不過在思考策略與戰術時，應該去意識到自家公司的哪些價值基準不能刪去，該怎麼做大家才會接受、並且對工作盡心盡力。

中堅及中小企業之中，有些公司是保障就業的家族經營體系，這也是不錯的價值基準。保障就業有多麼辛苦，站在經營立場的人都明白。重點在於，假如忽視反覆透過組織決策所形成的價值基準，就無法擬出適當的策略與戰術，以作為成員每日行動的指導方針。而且你自己的業務活動也會受到強烈的影響。

# 39 自家公司的業務風格 公司的業務風格特色是什麼？

## ◎價值基準創造出公司的業務風格

價值基準適合產品導向還是市場導向，會使業務風格產生區隔。像瑞可利的價值基準是提供有趣、前所未有的東西，當然，業務風格就會變成製造、提供這種產品，這就是產品導向的價值基準。另一方面，像電通這種廣告公司，是將顧客具備的所有要素結合成廣告，再利用世上各種廣告媒體來呈現，這種業務風格就是基於市場導向的價值基準。

從行銷的觀點來看，要讓產品導向對應顯性需求，市場導向對應潛在需求才有效率。另外，配合公司的實力，也可分成以少品項對應，或以多品項對應。產品導向（對應顯性需求）適合單品業務（推銷業務）或綜合業務（提案型業務）；市場導向（對應潛在需求）則適合諮詢業務（掌握顧客課題與問題，對此提供解決方案的業務活動）或解決問題業務（對於顧客的課題與問題，提出適合的產品與服務作為解決方案的業務活動）。

## ◎掌握公司業務風格的特色與必勝模式

重點在於，掌握自家公司的價值基準所創造出來的業務風格特色，這也可以稱之為必勝模式。像瑞可利，為就業、住宅與結婚等顯性需求準備了多項商品（在媒體上刊登廣告的模式），進行綜合業務，是盡可能在其可運用的媒體範圍之內，重複最佳模式的提案型業務。即使「提出顧客尚未察覺的需求與方法」這點看似諮詢業務或解決問題業務，但配合顯性需求所準備的商品，某種意義上屬於強勢推銷，基於這點算是綜合業務。這就是瑞可利的業務必勝模式。

因此，不像單品業務（推銷業務）那樣，靠雙腿跑業務贏得的領先並不重要；也不用像解決問題業務（找出符合顧客需求的產品與服務、物色商品的業務）那般，得詳細瞭解其他公司的產品知識。而是強烈要求必須掌握負責公司的詳細狀況，以及如何與自家產品結合的優秀模擬能力。

# 40 顧客如何看待？顧客如何看待你們公司的業務風格？

## ◎公司的業務風格是否被顧客討厭？

顧客偏好的業務風格，會隨著社會狀況與對商品的飢餓感而改變。假使世上缺乏物資，適逢需求膨脹的時代，儘早對應顯性需求的推銷業務或提案型業務風格便會受到期待；反之，當物質過剩，處於需求貧乏的時代，人們就只會對自己先前不曉得，察覺到才認為有必要的東西感興趣，所以會喜歡諮詢業務或解決問題業務。

然而，日本有許多企業都是在需求膨脹的時代勢如破竹，生存至今，因此具備由此培養而出的價值基準。碰巧在新的需求膨脹領域成功開發產品的企業，即使業務風格仍維持需求膨脹時代所培養的價值基準，也會受到顧客喜愛。不過，多數企業必須改良或找出符合顧客需求的產品與服務，所以不得不轉變為諮詢業務或解決問題業務，這雖然代表公司的產品開發能力、行銷能力以及多角化戰略力薄弱，不過業務部門能對此帶來影響的企業並不多見。不符現況的業務風格，當然會被顧客敬而遠之。

## ◎想被顧客喜愛，現在應該累積哪些實力？

為了對應潛在需求，需要詳細瞭解顧客狀況的能力。同時，也需要能夠研究對策是否有效的能力。必須努力累積經驗與知識，才能更加瞭解顧客狀況，知道如何改良自家產品與服務才有幫助，或者對於自家公司沒有的產品與服務，能夠具備看清何者有用處的眼光。

需求減少，沒有想要的東西，顧客也會煩惱不知如何是好。在這種情況下，馬上提出自家產品與服務或是強迫推銷就太不像話了。「貴公司正處於〇〇狀況。須改善之處就是△△吧？既然如此，剛好我們這項產品改良後就很適合你們」、「你目前是□□的狀況，我覺得這樣做最為理想。使用這個很合適喔！」，像這樣到達結論的過程要很慎重、仔細、而且明確，盡量用和顧客有關的故事呈現，他們才會覺得輕鬆自在。

## 41 重新檢視業務風格 你和公司今後應該學習什麼？

### ◎活用公司的價值基準，配合顧客偏好的風格

大家以往所重視的、今後也會重視下去的價值基準無法突然變更。若是忽略這點，縱使擬定業務策略或戰術也毫無意義。重點在於，要將這些價值基準與顧客偏好的風格加以統合。若想以諮詢業務或解決問題業務作為志向，當然必須提升業務能力。要提高錄取標準，招募頭腦聰明、身體活動力高而且工作勤奮的業務員；或是充實業務企劃，讓目前的業務員能發現顧客的潛在需求，據此進行產品改良或與其他公司的產品結合，淬鍊銷售模式、充實業務聯盟，按此方式搭配完整的話術等，必須充分、扎實地教育業務員。身為當事人的業務部門成員，得有提升能力的心理準備，來面對一切挑戰。

要培養發現潛在需求、並與自家產品和服務結合的能力，也需要申請改良、且讓它在公司內部通過的能力。另外，向其他公司提出結盟，讓自家公司保有應有的利益，這種交涉能力也是必須的。

## ◎建立機制，搶先發現顧客需求

業務部門藉由改革，也能活用以往的價值基準。如果自己的存在意義是透過產品、服務或技術力帶給顧客驚喜與感動，業務部門就應該掌握顧客不斷改變的期望，完成行銷與產品開發的任務。至於存在意義原本就是對應潛在需求的企業，要繼續走入顧客之中，擔負起「在企業內實現顧客做不到的事」的任務。若因以往的慣例或舊習，致使人事部經理、宣傳部經理和技術部經理無法指揮價值觀的變革，也可以讓底下的人事課長、公共關係課長或技術開發課長代為扛起變革之責，與業務部一起實施改革。公司內部的機制很難僅由業務部建立，藉由與其他部門聯手，可以守住以往的價值基準，也能對應顧客的變化。除此之外，要搶先發現顧客的需求，若非如此，熱愛這種價值的人便會跳槽到其他公司。好不容易培養出實力的夥伴跳槽，對公司而言可是極大的損失。

## 注意要點

用你的話整理成語言（概念化）吧！然後再閱讀一次正文並且反省。如此一來，就能提高技能，實力將更加提升喔！

- ☑你的人生一直以來重視的是什麼？
- ☑這些重視的事是由哪些思考習慣創造出來的？
- ☑這些習慣如何影響你目前的業務風格？
- ☑在你公司的沿革中，具代表性且造就目前公司的事件為何？
- ☑你的公司為何會發生那些事件？你知道其中的原因或目的嗎？
- ☑你的公司是否擁有號稱「必勝模式」的業務風格？
- ☑顧客如何看待你公司的必勝模式？
- ☑你公司的業務習慣有應該改變之處嗎？如何改變才好？

第5章

[提升顧客價值]

# 希望客戶與競爭對手如何看待自己？

# 42 瞭解自己的定位 你能否說明自己跑業務的特色（長處與短處）？

## ◎與競爭對手（競爭公司）相比，自家公司被選上的理由為何？

顧客不選擇競爭公司，而選擇你們公司，其選擇的理由就稱為顧客價值。請想成在自家公司視為目標的顧客群中，自家產品與服務所處的定位。自家產品與服務和競爭公司的產品與服務各有特色，這些特色被某個目標客群選上時，會轉換成長處與短處，成為選擇的判斷基準，這個判斷基準化為語言就是顧客價值。當它在目標客群心中顯得特別優秀時，產品與服務被選上的機率就會提高。例如，假設製作巧克力產品的公司只有3家，A公司的特色是加了滿滿的可可，苦味較強且高價；B公司的可可沒加那麼多，卻也具苦味且廉價；C公司則是有滿滿的牛奶，帶甜味且價格適中。這時，假設目標客群是兒童，會被選上的通常是C公司。對照「適合孩子的口味」這個判斷基準時，只有C公司「滿滿牛奶且帶甜味」的特色變成長處，被判斷為非常出色。這就是巧克力市場中，以兒童為目標客群時C公司的顧客價值，也是它被選中的理由。

## ◎將3C分析用於發現自己的定位

3C分析是從Customer（目標客群）、Company（自家公司的特色）和Competitor（競爭對手的特色），來思考顧客價值（自家公司被選上的理由）的手法。這可以換個方式來想，像是你看準的企業捨棄競爭公司的業務員，並選擇你的理由；或是在企業內部，公司與主管給你的評價比競爭的同事更高的理由。從以前到現在，人一旦失去定位，就無法在組織中生存。男人出外狩獵獲得獵物，女人生孩子守護家庭，而老人則負責傳授生活的智慧，如此各居其位，也就擁有組織內的定位。據說年老後無法傳授智慧的人，有時會被丟棄在山裡，也許這種說法過於嚴厲，但在現代也是相同的。失去定位的人，或許不會真的被拋棄，但只要沒被解聘，就會如同行尸走肉這點倒是一樣的。人類社會若以進步為前提，互相切磋、琢磨就是原則，自己一定要有清楚的定位。對此，先從認清自己的特色（長處與短處）開始吧！

# 43 他人的評價 誰認同你？他們如何評價你？

## ◎依照目標客群的狀況改變判斷基準

決定你的定位的，是別人。換句話說，假如你被目標客群選上了，就要去思考自己是合乎哪些選擇基準。許多業務員都會注意自己是否被顧客選擇，以及主管如何評價自己。

要被顧客選上，首先必須判斷目前市場的發展階段，它是發展中市場？成長市場？成熟市場？還是衰退市場？若是發展中市場，比起提案內容，更講求建立關係與接觸客戶的方法；若是成長市場，則在意提案前的步驟和爭取提案機會的熱情。如果是成熟市場，會注重提案內容與交貨時的品質；至於衰退市場，則會重視後續追蹤的好壞。而與主管相處也是同樣的道理。若是剛上任、缺乏自信的主管，就要常常向他說明；若是成長顯著、開始有自信的主管，就會重視程序與熱情；如果是資深老練的主管，要準備豐富的對策；至於即將離開的主管，則會非常重感情。

## ◎目標客群的個性也要注意

除了市場的發展階段，公司整體的個性，還有廠商負責人、批准者、主管、向主管提出建議的領導者，每個人不同的個性也要注意。個性的不同會反映在好惡上，和選擇的基準有關。個性大致可分成以下4類：重視速度、重視細膩度、重視熱情、重視拜訪頻率。當然，也有人同時要求多項，但一定會有最重視的一項。面對重視速度的企業，假如你擬出提案內容得花上好幾星期的時間，因此將拜訪時間往後延，那麼爭取不到訂單是顯而易見的事；而希望分析準確、提案細膩的企業，即使頻繁地拜訪或者展現熱情，對方也不會理睬。優柔寡斷、三心二意的企業，如果不頻繁地接觸，其他努力都會白費；而比起提案的好壞，全憑業務員的熱情決定，或被其推著走的企業也不在少數。在一決勝負前，你得如此充分分析目標客群的個性。

# 44 競爭對手的特色

# 競爭對手跑業務的特色為何？

## ◎向顧客打聽多次交手的競爭公司跑業務的特色

對業務員而言，競爭公司跑業務的特色最令人在意。是以速度決勝負？還是講究提案內容的細膩程度？是具備銷售的熱情？抑或頻頻上門拜訪？當然，配合目標客群的狀況也很重要，不過往後你得多次對抗競爭公司跑業務的方式，因此必須先掌握他們的特色。

首先要設法從顧客那裡取得競爭公司的資訊，例如：有無競爭對手存在、第一次到第二次拜訪的間隔、企劃書的主旨與內容、負責人的看法（是否具有衝擊性）等等。當然，在準備進行商務洽談時，如果能問到這些事，表示己方未來很可能會占優勢。不過，在洽談中的階段，假如己方未占優勢，對方有時會不願意透露相關情報。

你該做的事情是，不論洽談成功或失敗，都要盡可能地收集資訊。我除了前述內容，還會確認競爭對手是經由介紹或單獨來訪？是否帶主管同行？來了幾次？他的主管是怎樣的人？我也會盡可能取得企劃書，從降價的方式或簡報方式等，發現競爭公司的習性。

## ◎公司裡的競爭對手也藏有許多提示

另外，也應該分析公司裡的競爭對手。我有時會採訪一些業務高手，這些人一定有優點，而且他們的行動也符合市場趨勢。我會請教他們做了哪些事，借企劃書來看，分析為何他的銷售成績不錯，好的地方就模仿，可以創造差異的部分也要注意。我曾經向一位業務高手請教成功的理由，他說重點是別等顧客回應才提案，當下就約好下一次的會面，期間也要打電話詢問，不讓顧客的興趣減弱。他從第一次到第二次拜訪的間隔，也就是從傾聽到提案的間隔很短，是因為他會先和主管一起做好提案的雛型，之後只需將第一次會面聽到的資訊加入提案當中即可。聽完他的說明，我採取和他一模一樣的行動，並且改良他的做法，再下工夫加入市場分析。然後在第二次拜訪時，盡可能地拜託主管同行，第三次拜訪則帶著主管認可的條件上門。

# 45 你被選上的特色 你能創造出的、與競爭對手的差異為何？

## ◎成為你所負責的客戶或其所屬公司選上的人

雖然創造被一位客戶、或一位主管選上的理由也很重要，不過你的目標應該是成為你所負責的所有客戶或其所屬公司選上的人。只是模仿競爭對手的優點並不能創造差異，不僅要偷學優點內化為自己的一部分，還要超越它，假如沒拉開顯著的差距，就稱不上差異。就顧客立場所見、業務員能夠創造的差異，正是關係性與提供價值這兩者。所謂關係性，是以「有多麼被瞭解？」和「是否形成一起做事、彼此激勵的良好關係？」兩者相乘來測量。而提供價值則分為「情感性價值」和「功能性價值」2種，姑且不論產品本身的內容，產品的提供方式與顧客應對會呈現出業務員的差距，此時能否讓顧客感受到情感性與功能性的價值正是勝負關鍵。

至於所屬公司以整體觀點所看到的差距則是業績與業務流程。業績好的人很顯然已做出差異化，假如業務流程的速度、細膩程度、熱情或拜訪頻率已建立起機制而特別顯著，便會獲得大家的認同，形成無法立即模仿的差距。

### ◎做與不做，其中的差距最為顯著

業務員創造出最大差距的動力就是「立刻執行的行動力」。就算理解關係性很重要，實際上努力在客戶之間提高知名度的人卻很少。在產品的提供方式與顧客應對上也是，即使想到的當下能立即行動，但是可以建立機制、繼續提高價值，磨練到勝過他人的人卻少之又少。總是推託公司的業務很忙，找盡各種藉口不想面對，正因為這個緣故，不少業務員找不到自己的定位而對將來感到不安。

你也應該養成習慣、避免如此，要立刻執行，而且持續去做，堅持做到和別人不一樣。這種行動的習慣，正是你創造出與競爭對手的差異之源頭，而且能夠使你獲得驚人的成就。當別人總是在收集資訊、並且分類，擁有能隨時運用的知識庫時，你與他人的差異，就先從「讓整個過程具備驚人的速度」等立刻執行的行動力開始做起吧！

## 46 你的長處 為何你做得到，競爭對手卻做不到？

### ◎最初的差距在於持續努力讓人追不上

你在關係性與提供價值方面被選上的顯著理由，就是一旦創造出顧客價值，競爭對手便得付出非比尋常的努力才能模仿。因為你的顧客價值已經不僅僅是差異，而是被整合的機制。關係性方面特別優秀指的是，在客戶中具有知名度和好評，建立起「有人介紹」的機制，藉由提供產品與服務獲得許多交貨與後續追蹤的經驗。而具有能以速度取勝的提供價值，則是指經常收集資訊、並且分類，以便能隨時運用，擁有用驚人速度創造出來的知識庫、豐富的資訊收集管道、分門別類以及能適時引用的相關知識。

就算競爭對手拚命努力追趕，只要能像畫出拋物線般拉開差距，你就可以繼續超前。競爭對手想要趕上你，就只得大幅變更目標，或極度縮小範圍，在不同於以往的場地迎戰。

## ◎鐵則是：在競爭對手找到定位前出手

假如競爭對手想用不同的價值和你決勝負，而且你們之間的差距還只是「差異」程度時，你一定要加以模仿、並將之加入自己的顧客價值，使它不再構成差異。如果你想讓競爭對手無法再追上你，而只往淬鍊自己價值的方向努力、忽視競爭對手用來向你挑戰的價值，那麼你就應該瞭解，競爭對手將在不知不覺中找到與你不同的定位。就競爭對手的立場而言，發現被目標客群接受的價值、在最初不斷努力時，只要沒被你察覺，這份價值就如同畫出拋物線般拉開差距，能讓競爭對手成功地建立機制、找到不同的定位。要是走到這一步你才驚慌失措，開始和競爭對手在同一個場地交手，就會因為這份價值已經拉開差距，而換你步人後塵了。所以，你絕對不能輕視競爭對手，要持續觀察，一發現優點就立即採用。

## 47 瞭解公司的定位

# 你能否說明自家公司跑業務的特色（長處與短處）？

### ◎理解業務所扮演的角色並掌握特徵

這次要分析的對象不是你，而是對自家公司的業務進行3C分析，看清你們的顧客價值。自家公司的顧客價值與競爭公司相比，被顧客選上的理由可總括為「與顧客的接觸點」，也就是業務。原本所謂的業務，也稱作跑業務，並非單指銷售行為，而是意味著理解顧客需求、製作產品企劃、舉辦行銷活動傳達訊息、實踐買賣行為，對這一連串的行為都要負起責任。

此外，業務員與銷售員的差別在於，是出門拜訪顧客、自主地參與銷售行為，還是等待顧客上門、被動地參與銷售行為。正因如此，銷售員是以顧客對自家公司有一定程度的瞭解為前提，透過觀察顧客、儘快提供顧客想要的東西，努力販售以提高迴轉率。另一方面，業務員則是向不清楚自家公司的顧客說明公司的狀態和自己的職務，獲得認同後，再從介紹自家產品開始。在過程中必須掌握顧客需求、修改產品與交易條件、進行交涉讓顧客下決定、交貨並回收貨款、製造下次洽談的機會，這些過程都要參與。當然，也要思考利益。

### ◎特色不可太抽象，若不具體地掌握，之後會判斷錯誤

思考自家公司跑業務的特色時，必須先區分「是與產品和服務有關？還是與行銷活動有關？或者與買賣行為有關？」再加以思考。除此之外，最好也將公司本身的品牌力和評價納入視野。像這樣仔細思考自家公司的業務特色為何，重點在於要具體。

在討論太平洋戰爭時代日本兵的特色時，「具有大和魂與驚人的強大實力」這種內容就過於抽象，容易誤導之後的判斷。舉例來說，應該具體地指出：「長達10年的軍事教育，將撤退視為恥辱的概念深植人心，因此能夠奮戰到最後。反之，也有固執於待在陣地的傾向。由於國家的經濟情況而沾染上樸素儉約的習性，後勤兵占的數量比歐美少也沒問題。訓練時，用刺刀進行的肉搏戰很強，可是因身材短小，基礎體力較差。進入槍戰階段時，武力的差距使得戰況十分嚴酷。」要像這樣具體掌握特色，才能妥善思考策略與戰術，進而導出正確的判斷。

# 48 顧客是誰？ 自家公司的目標客群是哪一種公司（人）？

## ◎顧客需求多元化，所以得先細分市場

瞭解自家公司的存在意義（理念）和有益於顧客的行為，對跑業務來說非常重要，這點已經說明過了。那麼，可能藉由存在意義（理念）和有益行為獲得共鳴的顧客，是怎樣的客群呢？當然，把想成為哪一種公司的想法擺在前面，實際如何之後再說，在這種情況下也能設定目標客群。

然而，倘若設定目標客群時未將自家公司的存在意義考慮進去，那麼使出的手段都將只是權宜之計，以致陷入難以持續協助顧客的狀況。首先，必須劃分市場（市場區隔）來進行思考。劃分主軸概略地說，包含地理要素、行業、企業生態與規模（年齡、性別、職業、所得等）的要素、企業特性（個性）的要素及關係性的要素。所謂地理要素，也和地區和行政單位、人口密度與氣候等有關。所謂行業、企業生態與規模指的是，在該行業、企業生態中有大型、中堅或中小等劃分方式。而所謂企業特性，指的是屬於權力集中或權力分散的企業、企業性質與企業發展階

段等等。至於關係性，則會聯想到使用頻率、忠誠度和動機等等。

## ◎該瞄準何處？你的目標客群在哪？

如同上述，在細分後的市場鎖定出擊的，就是目標客群。你的公司是對整個市場漫無目的地鎖定目標？同時對準好幾個不同的區隔市場？還是集中於瞄準一個目標呢？換個說法，自家公司的存在意義（理念）和有益於顧客的行為，能夠打動的顧客是市場整體？還是多個或一個區隔市場呢？若是市場整體，就要特別注意顧客的需求。

過去被瑞可利採用並販售於市場的，是任何企業都必須的商品，因此席捲市場的速度乃是關鍵。若針對多個區隔市場，那麼為每個市場提供差異化的產品與服務才是決勝要訣。而企業實力能起一定的作用。如果集中目標，就必須小心外敵，且留意不要偏離目標，要是失敗將有可能失去一切，因此業務員得注意自家公司鎖定的目標且主動出擊。以棒球來說，就是「縮小好球帶」。當然，依企業的實力而定，也能夠採取先鎖定整體或多個區隔市場再決定順序的戰術。

# 49 瞭解競爭對手 競爭對手的長處與短處為何？

## ◎整理各種觀點，掌握應注意之處

競爭對手的特色，也必須詳細區分為「和產品與服務有關」、「與行銷活動有關」，還是「與買賣行為有關」，並且具體掌握。雖然特色各有不同，但應該掌握的是「針對自家公司鎖定的目標客群，競爭對手的產品與服務解決了他們的哪些問題？」、「滿足了哪些需求？」、「帶給顧客哪些便利性？」、「在行銷活動中是如何進行溝通？」，以及「銷售時要求顧客如何支付？」等觀點。

舉軟銀當時獨家代理的iPhone作為例子，除了電話功能，電子郵件與生活娛樂App既豐富又容易使用，不僅解決顧客資訊收集方面的問題，也滿足了他們接觸全新IT功能的興奮感，而且在軟銀商店購買就能聽取銷售員的說明，這種銷售手法也帶來了便利性。另外，史提夫．賈伯斯所創造的、蘋果的溝通方式，其衝擊力足以創造一個新時代，而軟銀也藉由廣告中的白狗老爸創造了日本人喜愛的風潮。至於手機的價格，包含在每個月的通話費裡，壓低了一次支付的費用。

## ◎加上以顧客觀點看到的特色，讓內容更具體

此時必須注意一點，僅從企業角度思考自家公司與競爭對手的長處與短處可能會看不清楚。而且應該掌握的觀點也會不夠具體，即使提高抽象度也無法掌握正確的特色。例如，從企業角度掌握到的特色可能有「產品開發速度非常快、具有品牌力、保障多、在全國均有銷售通路、電視廣告行銷、相對便宜的定價方針」諸如此類的描述方式。

事實上，如果產品開發速度是其特色，就必須更具體地掌握到底有多快，而且以企業觀點來看，無論再怎麼努力也無法掌握它是否足以打動顧客。因此，掌握特色時除了企業角度，也要加入顧客的觀點，並且化為語言。以剛才產品開發速度的例子來說，可以是「配合初春的入學季，一定會推出3款全新機型。另外，設計也都局部改良，呈現出全新的質感」。競爭對手的特色不僅從企業觀點出發，也要確實掌握在顧客眼中的模樣。

# 50 自家公司被選上的理由 公司能創造出的、與競爭對手的差異為何？

## ◎顧客眼中的印象，正是你與競爭對手的差異

重點是，在目標客群的心中，自家公司的業務活動留下了怎樣的印象。這裡所說的業務活動，包含顧客對產品與服務本身的印象，宣傳、公關和推銷話術等溝通，還有銷售時展開的所有行為。請記住，業務員實際讓顧客留下好印象的行為，正是自家公司被選上的理由，也就是能夠建立起顧客價值。若不如此，可能會無意中讓顧客留下不好的印象，使自家公司的定位無法取得優勢。

首先，請比較自家公司與競爭對手的特色。接著整理出競爭對手被目標客群喜愛的特色。然後，從自家公司的特色中找出明顯能夠創造出差異性的部分，或者想一想對方的那些特色能否變成自家公司的新特色。應該思考的重點是「重要性」、「獨特性」和「優越性」這3點。

我待過的瑞可利所打造出來的定位是，雖然產品刊登費比其他公司高出許多，卻具有物超所值的驚人效果。對顧客而言效果非常重要，而且唯獨一家公司鶴立雞

群，銷售機制的完成度也很高。

## ◎留下錯誤印象將使業務活動缺乏效率，要以一貫的態度決勝負

要讓「與競爭對手的差異」在顧客心中留下印象必須注意一點，就是從顧客的眼光來看，它是否為絕對的特色，因為不明確的特色不會讓顧客留下印象。就如同過去野村證券的業務員在業界競爭得最激烈，但也是最賺錢的。

再者，也不能給人「此產品只針對少數顧客開發」的印象。明明性能超群，定價卻太高，也沒有準備中間價位的商品，顧客就容易放棄入手，的確會錯失機會。從跑業務的觀點來看，白費了許多工夫，也無法期待情況能有所進展。不僅如此，要是留下缺乏一貫性的印象，也會造成顧客混亂，使整體形象變差。

當時瑞可利的產品當中，並沒有刊登費比其他公司便宜，效果（反應）卻不佳的不完整商品。「無論價格再高，一定會有相應的效果（反應）」這種一貫的概念很被顧客接受。由此可知，留下錯誤印象，就等同於業務上的損失。

# 51 自家公司的長處 為何你們做得到，競爭對手卻做不到？

## ◎逆向操作的顧客價值，在顧客眼中會更加鮮明

在市場上競爭，大家都會拚命創造顧客價值，即目標客群眼中的「重要性」、「獨特性」和「優越性」。而且，企業收益有個「80／20法則」，意指2成的顧客會產生8成的收益。企業為了滿足這2成重量級客戶，必須再加強現有的顧客價值。

這裡讓我來介紹一下軟銀行動電話逆轉攻勢開始前的情況。當時NTT DOCOMO和au在爭奪市占率，以商務人士為主要目標正開發市場。為了滿足重量級客戶，他們提出更佳的連線、通訊安全的保證、獨特的語音留言等概念，且傾注成本。那時軟銀的連線品質不佳，導致負評不斷，市占率一路下滑。正因如此，目標客群鎖定在不常去高爾夫球場、很少到地方出差的都會區年輕商務人士、家庭主婦與學生，基本月費980日圓大幅低於競爭對手，並提出軟銀用戶互打免費的方案。除了山上，訊號格數與其他電信業者勢均力敵。軟銀在客戶眼中費用遠

比其他業者便宜，能夠滿足對目標客群的重要性，而且網內用戶通話免費的獨特性和多樣化的機型也創造了優越性。

## ◎完成商業模式（結構）才能活用顧客價值

ＮＴＴ ＤＯＣＯＭＯ和ＫＤＤＩ是獲得高收益的上市企業，只要基本費用打折就會使收益惡化。另外，他們利用收益創造顧客價值，集中火力在相對於室內電話的便利性。由於滿足目標客群的顧客價值不可能突然變更，對於競爭對手逆向操作的顧客價值，這兩家業者沒辦法立即模仿。

不過，此時的重點在於，軟銀創造出以基本費用９８０日圓成立的商業模式（結構）。前述的瑞可利則採取高定價策略，相對地也持續保證顧客最重視的效果。利用高定價收取的費用，組成跑遍大學的團隊，將瑞可利的機制與企業宣傳持續、直接地傳播給學生。雖然其他競爭公司的賣點是顧客眼中的低價位，可是印象既不明確，也缺乏最重要的效果，服務亦不具有獨特性，無法凌駕瑞可利的商業模式（結構）。顧客價值須與商業模式（結構）連結，才能夠發揮價值。

# 52 發展自家公司的長處 公司能做哪些努力，讓差異更鮮明？

## ◎業務員的職責在於完整傳達顧客價值

顧客價值要讓客戶留下鮮明的印象才會發揮威力，因此業務員必須參與創造顧客價值的過程，並且傳達給客戶，使這份價值獲得理解。就業務員的立場，得憑自己的力量讓顧客充分理解價值。

首先，身為業務員的你，敏銳察覺顧客需求非常重要。而且要正確地傳達給高層和產品企劃部門，或是磨練、累積所需知識和技能，以解決客戶的課題與問題。假如你是業務部的主管，就要總結、匯集大家的意見，並且支援業務員的活動。而高層則要明確指出企業與事業的理念和目的，創造關乎顧客價值的商業模式（結構），並激起全體業務部成員的動機。企業不能把這種事都交給業務員或撇下業務員，應該與業務員聯手，全體員工一起面對。為創造這種環境，要不斷地在各部門培養意識並進行訓練，以養成各盡其責的習慣。

## ◎思考對顧客有效的行動，須由全體業務員徹底執行

業務員的目標是，自律地思考並執行有效的行動，讓顧客價值留下鮮明的印象，不能把「有效率地執行上位者決定的事」當成目標。由於市場時時刻刻都在變化，而目標客群的狀況也會跟著改變，以前管用的策略，遲早會變得陳舊，這點必須銘記在心。因此，業務員也要注意，「有效率地執行過去的做法」這種行為對於顧客可能不再奏效。

業務員的職責是，經常思考對顧客有效的行動，並且執行。為了完成這樣的職責，得經常思考自家公司與自己的理念以強化想法，設想執行流程，將目光轉向重視的事，深入探究如何贏過競爭對手。接著配合想法擬定策略並參與，根據擬定的戰術採取行動。這種將有效性納入考量的流程，才會產生真正的效率。公司必須努力使全體員工投入其中，以獲得真正的效率。

## 注意要點

用你的話整理成語言（概念化）吧！然後再閱讀一次正文並且反省。如此一來，就能提高技能，實力將更加提升喔！

☑你能否正確回答何謂顧客價值？

☑評價你的人具有那些特色？

☑你的競爭對手是哪種人？是公司裡的人嗎？還是公司外的人？

☑你和競爭對手相比，為何會被選上？

☑你的顧客價值在給予評價的人眼中，是否具有絕對的差異性？

☑你公司的業務團隊特色（長處與短處）為何？

☑你公司的業務團隊最應鎖定的目標客群在哪裡？具有哪些特色？

☑你公司業務團隊的競爭對手在哪裡？具有哪些特色？

☑你的公司相對於競爭對手，希望因為什麼理由被顧客選上？

☑你公司的顧客價值是否讓競爭對手無法模仿？這是為何？

☑你公司的業務團隊是否努力淬鍊顧客價值並傳達給顧客？

# 第6章

[擬定業務策略]

# 將自己、自家公司與現實結合

# 53 確認業務方針 你的業務方針是否具體且切合現實？

## ◎回到你強烈的想法並試著思考

「一定要達成營業額」、「開發幾個潛在客戶」、「徹底進行後續追蹤」——聽到「何謂業務方針？」這個問題時，許多業務員都會如此回答。然而，閱讀本書至此的讀者，想必能馬上理解，我們應該先思考這些業務方針是否切合你置身的狀況。更進一步地說，就是要你將每天與客戶交涉時，必定得處理的內容更加具體化。

人會刻意說出即使逞強也無法達到的目標，企圖迴避自己的責任，這樣並沒有意義。應該提升自己的實力，實際感受到成長，要從這樣的目標來制定方針。首先，得再一次弄清楚自己的想法，像是強烈地覺得「我應該如此、我想變成這樣」。接下來，再次確認自己的業務流程，對照自己的想法，檢視有無欠缺的部分，然後更重點式地加以面對。除此之外，還要重新認識自己所重視的事物（價值基準），和自己想創造的定位（顧客價值）。

## ◎業務方針要略高於你的實力，才會有所成長

「想提升自己的業務能力到堪稱專業」，弄清楚這種強烈的想法後，自己的業務方針就會為了實現這些想法而變得更加具體。比方說，要是去年的業績是〇〇萬日圓，為了超越自己的實力，就把年度目標定在成長150%，思考自己的定位，連續12個月達成每個月的目標以完成身為領導者的自覺與使命；或是以往業績多半來自於中小企業，那麼就每個月開發3家員工1000人以上的大型企業潛在客戶；或是在後續追蹤時無法發現下一個課題（商務洽談機會），下次就一定在交貨時找出顧客的下一個課題等等。而且在達成這些具體的方針之後，也要自問實力是否提升、自己是否有所成長。假如這些方針雖然略微高於你的實力，不過在努力過後便能船到橋頭自然直，只要拚命打拚就能達成，這樣一來便是合格了。倘若過於在意評價、定下憑實力就能達成的目標，或是一開始就放棄、定下遠遠超出你實力的目標，那麼將無法期待你想要的成長。

# 54 旁人的期待 主管、同事與客戶對你有何期待？

## ◎被期待的事和想做的事一致，將成為強大的定位

「你想變成怎樣？」、「應該如何？」的想法弄清楚後，就要分解你的業務流程，為了達成這些想法，要確認自己有哪些知識不足。然後接下來該做的，是重新檢視你的習慣。習慣建立起你至今為止重視的價值觀，而這些習慣是否符合你的想法？如果是就沒問題，若非如此，就必須矯正你的行動直到變成習慣。

儘管有想要達成目標的強烈想法，卻總是悲觀思考、習慣妥協的人，絕對無法實現想法。無論面對何種狀況都應當積極思考，這樣的意識革新是必須的。此外，你還得想一想自己實現想法時的定位，也就是與競爭對手相比，你被選上的理由。另外，思考主管、同事與客戶對你有何期待也很有幫助，假如他們希望你做的事同時也是你自己想做的事，那麼這就是你的定位。

### ◎向競爭對手請教，思考自己的定位

提到公司對你有何期待，可以料到也許是領導者的角色，或是支援領導者、也就是連繫成員與領導者的輔佐角色；可能是單打獨鬥、業績亮眼的超級業務員，抑或能夠冷靜分析各種事態的分析師。從顧客的立場，將你和其他業務員做比較之後，他們是希望你更用心構築包含人際關係在內的各種關係？還是希望你提高拜訪頻率、一起行動？是希望你連續提出不錯的方案？或者希望你準確做出市場分析和顧客分析？這個受到期待的定位，就是讓你與競爭對手拉開差距的最大關鍵。

為了瞭解這點，不僅要向客戶詢問競爭對手的優點與須改善之處，和競爭對手接觸、請教對方是如何拓展業務也是一個手段。當我遇到強大的競爭對手，我會和他接觸、增進彼此關係，拜託他在公司裡（課內）舉行讀書會。要瞭解敵人，並且找出自己的定位。

# 55 制定業務計畫 舉出3個自己的業務計畫

## ◎跑業務時，強烈意識到的心靈支柱是什麼？

在表現出自己應有的模樣與想法，以及思考過自己要學習的知識、習慣和想要的定位之後，應該採取的業務計畫是什麼呢？業務計畫與目標並不相同。目標可說是你在一定期間內希望做的事，而業務計畫則是你在實現希望時的支柱，也就是方針。

舉例來說，假設月銷售目標為1000萬日圓，要以「重視顧客關係」的方式來達成它；或是把下個月的業績也納入考量，完成「接觸30名客戶」的目標；抑或「邀請團隊成員一起投入」，花費更多時間心血等等，要讓自己的行動有意義，始終如一而非漫無目的，這就是你心中的方向性。因此，如果只是把主管吩咐的事情列出來，或隨便想想就舉出方針來，像這樣不經深入思考根本毫無意義。前面說過很多次，一定要根據自己應有的模樣，也就是理想來行事，並且學習面對眼前問題所需要的知識與智慧，進而改變習慣，接著，留意別人與其他公司的定位等，養成「擬定切合你現況的業務計畫」之習慣。

## ◎決定執行業務計畫時的「must do」

跑業務是憑自己的思考與判斷推動商務洽談、裁量權極大的工作。接受顧客的需求與要求，思考如何與自家的產品與服務結合，再考慮費用、交期、支付條件與附加服務，並且提出方案。被託付如此重任的你，要養成先思考、再判斷的習慣，並且為自己打氣。此外，還要將判斷付諸實行，增加從經驗中獲得的歷練，才能夠提升你的實力。如同前述，先決定自己的3個業務方針，然後確定要達成多少須達成要件。如果方針是「重視與顧客的關係」，那麼「開發5間幾乎知道彼此負責人個資的公司」這樣具體的「must do」就是達成要件。此外，「每週3次午餐約會，其中1次擺下酒席」也可以決定這種執行方案作為對策。附加資訊可整理成「午餐招待費可以核銷，晚餐費則需與主管商量，即使自掏腰包也要去！」，如此便容易下定決心。業務計畫必須加以執行，才會成為你實力的一部分。

# 56 想像成功 這些業務計畫實現後，你會變得如何？

## ◎業務計畫實現後，是否接近你的想法？

許多人容易對於被主管指正的地方或在客戶那邊發生的事情過度反應。如果你是新進員工，想成為一流的商務人士，那麼一開始的業務計畫是「做好主管吩咐的事」倒是沒什麼問題。然而，當你變成公司的主力、得由自己判斷事物時，要是還抱持這種想法就不適切了。另外，假如「提升評價」是讓事情接近自己想法的手段倒也還好，倘若它變成了唯一的目的，就會偏離「為顧客服務」這個原本的宗旨。你現在該做什麼才能接近你的想法，對於這一點要強烈地表態。而業務計畫也應回歸你強烈的想法，例如：「你覺得你的公司與事業應當……」、「為此你得完成……的任務」、「應該成為……的人」。將業務計畫製成表格便如下頁。

## ◎業務計畫的對策要有順序，必須具體且能夠實現

在一定的期間內，制定多個業務計畫、決定達成它們的要件及實際執行的對

| | 達成要件 | 對策 | 附加資訊 |
|---|---|---|---|
| 重視與顧客的關係 | 開發5間幾乎知道彼此負責人個資的公司。 | 每週3次午餐約會，其中1次擺下酒席。 | 午餐招待費可以核銷，晚餐費則需與主管商量，即使自掏腰包也要去！ |
| 接觸30名客戶 | 包含陌生開發和既有顧客，一個月要接觸30名客戶。 | 經常檢視「客戶名單100」，每天重新排列優先順序。一天一定要寄5封郵件。 | 前輩留下的名單有200份，這個月內要重新檢視。 |
| 邀請團隊成員一起投入 | 去C公司與D公司要讓行銷部員工同行。取得開發新產品所需的資訊。 | 請行銷部課長同行，一起去見C公司與D公司的負責人。行前資訊由自己準備。 | 行銷部計劃在秋季以前開發新產品。 |

策、整理有助於下決心的附加資訊——只要這些都不偏離你的想法，你的知識、習慣或定位等也都確定能夠切合現實，接下來就只要專注於強化對策即可。無法實現或者脫離現實的對策毫無意義，對策必須有順序，而且內容應該具體。

其實切合現實是十分困難的事，即使說主管（領導者）的實力差距全在於此也不為過。至於強化對策的方法，會在下一章詳述。

## 57 業務策略與願景

# 你能否說明公司業務策略的構成要素與內容？

### ◎如同瞭解自己的計畫般，瞭解公司的業務策略

主管擬定的業務策略只要不是臨時起意，一定會有構成要素與內容。所謂構成要素，就是藉由自家公司的理念，去思考工作流程中附帶的知識與智慧、公司所重視的事物、以及用於與對手競爭的顧客價值等，構成未來前進方向的道路。至於內容，則是指表示出應該做到什麼地步的達成要件及具體對策，還包括導出這兩項的附加資訊。既然自己的業務計畫是透過上述方法推導出來，並落實於執行方案，那麼對於自家公司的業務策略也要以同樣的方式來拆解。如同我多次說明過的，在反覆實踐業務策略之前，要先弄清楚應有的理想，目光朝向必須跨越的現實、決定業務方針，並落實於切合現實的執行方案，希望大家都能學會這種思考模式。

自家公司以什麼為目標、現在面臨的現實狀況如何、打算以何種業務策略和戰術應戰，如果你能清楚回答這些問題就ＯＫ了。公司的業務策略若是臨時起意，就無法變成組織所有成員共享的資訊。

## ◎理解權宜之計的涵義，並試著應用於自己的計畫

權宜之計的典型做法，就是「去年怎麼樣今年就要這樣」，和前年度比較要提升多少％。當然，如果有確實的決策根據倒也罷了，但幾乎都是毫無根據地以慣性去決定。倘若去年成果不佳就提高提升率，要是去年還不錯則傾向於降低提升率。

這是標準的「只在意評價」（在公司裡，自己的部門表現如何？）的做法。另外，「因為其他公司決定這麼做，所以我們公司要走完全不同的方向，或稍微改變一下做法」這種心態也只不過是在意其他優秀公司的社內表演。此外，以回歸原點作為方向，提出自家公司一直以來重視的價值，採用這種策略時也得注意。的確，它用於將散漫的策略一度收緊時非常有效，然而，如果對於縮小範圍後該怎麼做沒有想法，那麼仍舊只是對症下藥的做法。雖然收緊策略範圍後，理論上會邁向好的方向，但要是從此置之不理，情況就會比收緊前更加糟糕。

# 58 業務策略中的自己 你是否清楚自己在公司業務策略中的職責？

## ◎統合公司的業務策略與自己的業務計畫

理解自家公司的業務策略後，就要思考自己在這當中背負何種職責。為了實現公司追求的理想，對照現實狀況構思而成的方針，亦即大家應該瞭解的行事原則，就是業務策略。所謂強大的組織，就是在執行業務策略時，員工能各自充分理解自己職責的組織。

假如業務策略是「連續達成月目標」、「說服大型公司」、「開發新產品」，那麼就不能只有自己大幅偏離策略，給其他人添麻煩。「首先，要踏實地達成月目標。然後，既然要說服大型公司，C公司和D公司是由我負責的，無論如何都要成功，業務進展全都要向主管匯報，並且拚命地去說服客戶。開發新產品和F公司及G公司有關，要積極地拜訪他們，將得到的資訊轉交給行銷部，可以的話，這段期間請行銷部同仁同行。因為期末就沒辦法執行了，最重要的是提早進行這些工作。」如此詳細分析，便能看清自己的職責，還要將之與自己的業務計畫整合，思考該採取哪些行動。不要把其中一邊當成自己的藉口，兩邊都要積極面對。

## ◎一邊認清職責一邊執行業務計畫，正是當組織長官的練習

假設自己的業務計畫是「重視與顧客的關係」、「接觸30名客戶」、「邀請團隊成員一起投入」這3項，那麼與公司的業務策略統合之後就會變成「除了C公司與D公司的負責人之外，也要取得批准程序相關人員的個人資訊，分別和這些人打好關係。另外，要安排好公司之間的聯繫方式，例如：自己對對方的負責人、主管對負責人的主管。然後，邀請整個團隊一起投入，如果在開發新產品時曾經協助過行銷部，這時就可以反過來請他們幫忙，所以盡量在每次的案件裡都給予這種能夠尋求幫忙的人情。另外，要說服大型公司需要耗費相當多的時間精力，倘若無法在期間內完成，將造成很大的風險，因此，為了確實完成接觸30名客戶的目標，也要製造一些小型商務洽談的機會」，這些正是自己當上主管、或者在組織內升職前的練習。組織內顧此失彼的紛爭多不勝數，組織長官必須統合這些糾葛、做出決斷，這是無法逃避的責任。

# 59 顧客眼中的策略

# 顧客如何看待你公司的業務策略？

## ◎業務策略的實現，就是讓我們的目標在顧客心中留下印象

優秀的組織會透過執行自家公司的業務策略，讓公司的實際情形更接近理想的狀態。並且藉由這個過程，拉開自己與競爭對手的差距，為公司的習慣與重要的價值帶來影響，建立、淬鍊出其他公司無法模仿的商業模式。業務策略所實現的事，平心而論，就是業務員在與顧客對話時，讓顧客愉快地接受業務方針。這對顧客而言十分重要，而且也代表自家公司與其他公司不同、非常優秀，所以才會被顧客接受。

假設你們的理念與想法是「在某個業界中贏得第一的評價，讓顧客感覺使用自家產品連帶地使自己的地位也提升了」，並且將「連續達成月目標」、「說服大型公司」、「開發新產品」定為業務策略，推行之後，「我們是業績穩定成長的公司」、「是被大型企業認同的優秀公司」、「我們公司持續推出受到顧客喜愛的新產品」這些想法便會逐漸深植於業務部成員及其他員工的心中。達成這一步時，顧

客也會產生「實際上確實如此」的印象。

## ◎假如自家公司的業務策略是權宜之計，你就得換個說法，製造假象

如果公司有引以自豪的理想業務策略，你也會更想積極地與自己的業務計畫整合起來。但是，要是你覺得公司的業務策略只是權宜之計，即使請主管加以說明，他也不太理解意思，而且你沒有權限要求變更為合理的內容，最後導致成果不佳，像這樣的公司並不在少數。

這種時候，基於「業務策略是向顧客表示自己的理念」的想法，建議你要準備一份「假想的業務策略」。尤其，當業務策略僅僅是「提升業務效率」時，要主動思考為何如此，也必須化為自己的語言。例如，「業績要比去年提升20％」、「（作為加班問題的對策）一定要在晚上7點下班」、「接到訂單前的拜訪次數要在3次以內」，假設原本是這種效率至上的策略，你就可以換個說法變成「對於重視研究開發的全體公司做出貢獻」、「努力建立下班後的關係」、「加強充實簡報時的提案內容」，在與顧客溝通時，以闡述公司理念的方式來說明，這就是所謂的「製造假象」。

## 60 其他應該做好的事 舉出3項目前自己部門應該執行的業務策略

### ◎自己也試著制定業務策略，並且和同事商量

假如你將來想率領業務團隊，就試著將自己部門的業務策略整理成3項、決定達成要件、思考對策，並且分別加入附加資訊吧！雖然這個做法比較適合高手，卻是個不錯的練習。組織進行的業務絕非一個人能完成的工作，大家必須一起執行策略，以接近理想的狀態。如果策略是「連續達成月目標」，那就把它拆解成「達成要件為完成月盈利與營業額兩個目標，而且要在一個季度內至少超過去年的1％」、「對策是藉由開發新產品成功說服大型公司，接著讓營業額與利潤提高70％。另外，在完成上述對策之前，要從原有的商務洽談與其他中堅企業中獲得新客戶」、「附加資訊為競爭對手A公司也預定在秋季推出新產品，對此他們正在加強訓練相關人員」。

如此一來，自己的職責會更加明確，還能充分理解公司對自己的期許。而且，也要和組織內感情好到不分彼此的同事一起商量假想策略，倘若以為策略都是由主

管負責思考，自己只需要去執行，那可就大錯特錯了。

## ◎今後的業務員，自己也必須進行思考

當情況沒什麼變化時，以運動來講適合棒球型的策略，以音樂來說適合管弦樂團型的策略，由總教練和指揮決定方向，選手和演奏者只要跟著行動。然而，若是置身於變化激烈的狀況，則適合足球型、爵士樂團型的策略，選手會配合狀況自己微妙地變更方向，以達成目標。

業務員若置身於變化激烈的情況，就必須捨棄「主管負責思考，我負責執行」的思考方式。最好想成「我也要一邊思考主管的想法，一邊執行。主管有時也得跟我一起執行」。認為上情下達的體育型業務模式比較有利的人，很遺憾，今後的業務員從資歷尚淺的階段，就得培養實力和主管一起思考自己部門的策略與戰術。思考停止就是功能停止。尤其對於主管抽象的話語，絕對不能未經思考就聽從。自己要養成習慣，確認那些話的意義與根據。

# 61 邁向下一個舞台 業務策略實現後，自己部門將邁向怎樣的舞台？

## ◎所謂執行業務策略，就是弄清楚企業的存在意義

為了實現公司的理念與自己的理想（也就是「想法」），根據組織淬鍊出來的業務流程上的知識與智慧、組織所重視的事物與習慣、以及讓你們從競爭對手中脫穎而出的顧客價值，將業務部成員及其他員工應做的事化為語言，並且把說明如何去做的過程寫成一部劇本，就是業務策略。再說得明白一點，就是整理出該做的事、瞭解應該做到什麼程度（達成要件）、以何種對策執行，而且還要弄清楚共享這些情報的資訊為何。能夠做到這些，顧客就會覺得你的公司很重要，與其他公司不同，而且非常優秀，他們將會成為你們公司的顧客。

經營學權威杜拉克認為，企業是為了回應社會與個人的需求而存在，而營利則是達成的手段。他說企業的目的是創造顧客，能否持續滿足顧客，正是企業的存在意義。業務策略的執行，就是要弄清楚存在的意義。

## ◎為使企業不斷發展，能提高生產力的人具有不可或缺的價值

假如將業務策略設定為「提高自己部門的生產力，並且將相關人員鍛鍊得具有價值」，就能妥善地實現企業的想法，相關人員也能實踐他們的行事原則，並且創造出成果。換言之，可以同時獲得期望的結果與過程，這實在是出色的業務策略。能否提高利潤來滿足員工，或開始考慮下一項投資，都取決於是否可以提高工作的生產力。然而，若是以缺乏人性的手段來達成這個目標就毫無意義。大家能不能一起成長，在工作時感受到價值才是重點。企業應該思考的，是同時達成提高生產力與滿足工作價值這兩點，而執行適當的業務策略可說是最有效的方法。「追求更高的目標、繼續當一家有益於社會的企業」，為了站上這樣的舞台，最重要的是擬定眼前的業務策略，且無論如何都要達成，一步步地向前邁進。

## 注意要點

用你的話整理成語言（概念化）吧！然後再閱讀一次正文並且反省。如此一來，就能提高技能，實力將更加提升喔！

☑ 你對業務的想法（方針）是什麼？請試著化為語言列舉出來。

☑ 為了實現你的業務方針，是否有應該重新檢討的習慣？

☑ 你是否清楚自己在公司裡的定位是什麼、希望顧客如何看待你？

☑ 你的業務計畫是什麼？請整理出3個計劃。

☑ 你公司的業務策略是什麼？你是否知道為何如此？

☑ 為了實現公司的業務策略，你的職責是什麼？

☑ 你公司的業務策略和你的業務計畫統合之後會變得如何？

☑ 請試著整理出3項你所想到的、針對你公司的業務策略。

☑ 你所想到的、針對你公司的業務策略能實現公司的想法嗎？

第7章

[使策略落實於業務戰術]

# 讓該做的事具體明確

# 62 確認步驟 該執行的具體方法為何？要以何種順序實現？

## ◎將策略化為具體的行動，再標上順序就成了戰術

所謂業務戰術，是將業務策略化為具體的方法，並且賦予執行的順序。以棒球來比喻，在一出局滿壘輪到第四棒打擊手的場面中，不讓這位打擊手打出滾地球、取得三振就是策略；第一球用外角偏低的直球、第二球用內角壞球，這種讓打擊手被三振的方法（配球法）就是戰術。把上一章第139頁「重視與顧客的關係」的策略對策更具體化地標上順序，便如下述：

- 列出20位本週想建立關係的負責人，依重要性分成ABC等級。
- 為了從下週一開始就能拜訪，針對標上A和B的負責人，思考約定碰面的理由，然後開始執行。
- 上門拜訪，並且在商談之餘另外約定時間共進午餐或晚餐。同時整理其個人資訊。
- 分別整理想詢問的項目，設想對話與情境。

• 實際執行，將資訊不斷加入個資筆記本。構思下次拜訪時的對話。

不過，從「藉由5W3H分析法呈現」的觀點看來，這樣仍不夠具體。

## ◎用5W3H分析法來具體思考行動

所謂5W3H分析法，是指以何時（When）、何處（Where）、誰（Who）、何事（What）、為何（Why）、如何（How）、多久（How long）、多少（How much），如此清楚明白且毫無遺漏的程度來呈現。若引用前述的例子，就會變成：週六下午1點到3點之間，我在家裡，自己1個人，針對目前為止標記的20位公司負責人整理通訊錄，希望能與他們約定碰面，並把他們按照重要程度分成ABC等級。為了從下週一開始就能拜訪，對A與B盡量標註詳細資訊，至於比較花費交通費與拜訪時間的23區以外的公司，則降低重要等級。而在將組織的業務策略落實於戰術的時候，如此盡可能地具體思考，亦是一件十分困難的事，這是由於當自己沒有實際經歷過時，通常很難斟酌、推測每一個行動的效果。因此，在你成為業務領導者之前，應該多加歷練，實際感受行動所帶來的效果。

# 63

重點在於先發制人

# 第一次接觸客戶時，會使用何種手段？

## ◎在商務洽談的初期階段，業務員必須做3件事

業務員和顧客開始洽談時，首先一定得做的事情是「激起顧客的動機」、「確認批准程序」和「獲得提案的材料」這3項，一項都不能漏掉。明明客戶還意興闌珊，卻有業務員只顧著拚命寫提案，這只是在自我滿足罷了。不在乎顧客的行動，也是在浪費時間。另外，已經讓對方的負責人興致勃勃、也擬好提案了，卻只差臨門一腳而無法成功的業務員，通常是沒有確認批准程序，以及欠缺接觸批准者、促使他們釋出善意的管道。尤其是金額龐大的採購案，並非僅憑負責人的意見就能批准，幾乎都得經由主管和再上級的主管確認，或是透過公司內書面請示的體系才能決定。要是沒注意到這個細節，之前的努力有可能全變成一場空。

因此，第一次接觸顧客時，必須以完成這3項行動為目的。不過，假如在這當中缺少了「激起顧客的動機」這一項，其他兩項就無法進行，所以要先集中面對這個問題。

## ◎須注意，見不了面就無法開始

首先要和客戶見面，說明自己公司的業務內容，以及能解決客戶的哪些問題。另外，也要介紹自己在公司裡是什麼職位、擔負哪些職責。像是「能為客戶創造出怎樣的世界？」等，對於公司的理念和自己的職責若是不能充分說明，就無法獲得顧客的認同。人和人見面溝通、判斷事物時，會利用55％的視覺資訊、38％的聽覺資訊和7％的語言資訊（麥拉賓法則），由此可知，實際見面談話、獲得理解有多麼重要，光是發電子郵件來接觸客戶是不夠的。對於你認為很重要的公司，要首先接觸他們的負責人，見面談談，然後獲得認同。提供業界資訊、解說案例、帶來主管的問候、剛好來到附近等，憑著這些理由都能上門。也可以在附近守候來個不期而遇，不管用什麼手段，總之要設法見面，讓對方聽你說話。當然像是服裝儀容等，都要為了「萬一見到面」時做好準備。

# 64 萬全的事前準備 與客戶談生意前，你會做什麼準備？

## ◎要準備周全以達成3個目的

為了讓第一次接觸更加順利，洽談之前必須準備周全。要想達成「激起顧客的動機」、「確認批准程序」和「獲得提案的材料」這3項目的，己方也必須提供相當的資訊給對方。

在「激起顧客的動機」方面，須準備充滿魅力的話術來描述你自己和公司的理念。也要準備顧客感興趣的話題，像是業界動態與案例等，與顧客有共通點的事情。而在「確認批准程序」方面，要藉由網站或資訊裝置調查社長的名字與經歷，或是批准部門的頂頭長官職稱與姓名等。此外，從過去接觸的記錄，到一開始必須迴避的人，若能打聽到該組織的獨特情況，也是不錯的準備。如果對方是大型企業，要是稍不注意，即使在即將獲得社長與高層首肯之時，也會半路殺出程咬金，簡直像黑白棋那樣會整個推翻結論。至於「獲得提案的材料」的重點則是，要事先提出問題，詢問擬定提案時該瞭解的情報。

## ◎注意服裝儀容與話術，也會留下好印象

令人意外地，服裝儀容與話術的練習是很容易被忽略的重點。若是抱持走一步算一步，甚至是輕視的態度，往往會掉進意想不到的陷阱裡。雖然不是茶道，但要以一期一會的精神去面對。你的服裝儀容是否為不標新立異、能讓大多數人留下好感的沉穩裝扮？對於業務員來說，名實不符的自我表現根本毫無意義。同時，也要檢查鞋子和公事包裡面的東西，腳下和領子這些地方要注意清潔，也別忘了帶東西，資料必須齊全，公事包裡整理得整整齊齊能夠留下好印象。

接著，也應該充分練習話術。反覆描述你自己和公司的理念，就會愈說愈好，不妨在行前做做角色扮演練習，模擬當時會碰到的各種場面吧！尤其，面對反駁時的回應話術，要是當下無法回話就沒有效果，重複練習能讓你不管遇到任何場面都能應對。建議大家在鏡子前演練，這麼做通常能注意到自己說話時的態度有何不妥。

# 65 觀察與記憶 與客戶談生意時，你會觀察、記住哪些事？

## ◎觀察客戶的意願，當場消除不安

開始洽談後，首先必須觀察客戶的動機到達何種程度。即使對方高層勉強促成這場洽談，如果進行的負責人沒有幹勁，洽談就不會有結果。仔細觀察對方，看看他「是否與你目光相對、認真地聽你說話？」、「是否身體放鬆、手掌打開，把雙手放在桌上？」、「視線不是朝下，而是朝上？」、「有沒有認真地抄筆記？」等，對方會像這樣發出透漏意願的暗號。另一方面，一直摸臉、焦躁不安、頻頻看手機或抱著胳膊，通常是沒有興趣的暗號。最不能看漏的，就是頭向左傾斜、突然曲背或聲音變小，這些代表他對你的話語或提案感到不安，要是出現這種暗號，就停下來詢問：「是不是哪個部分讓您覺得不安呢？」即使好不容易提高了意願，如果以留下不安的狀態結束洽談，這份不安會逐漸增強，最後演變成不執行提案的理由。藉由事前準備的話術與資料當場消除不安，是一項重要的鐵則。

## ◎不安有兩種。提高負責人的意願是先決條件

當客戶懷著某些不安時，要判斷那是對產品與服務的不安，還是對包含你在內的組織感到不安？若是對產品與服務不安，就把焦點擺在使用的場面，實際讓客戶看看操作的情況（例如準備影片），盡可能及早消除疑慮。若是對組織的不安，不僅要準備話術與資料，包含主管，建議你多帶幾位相關人員同行。

希望身為業務員的你記住一點，勝負的關鍵就在於激起動機的階段。徹底消除客戶的不安，讓對方保持幹勁十足的狀態吧！而且，這項被消除的不安，很可能也是對方主管的不安，你要好好記住，仔細加進提案內容裡，想盡辦法讓負責人向主管與批准者充分說明。不過，提案要在讓負責人產生意願、洽談進入批准程序，幾乎成功80％之後再詳細修訂。要知道，提案書就像是實現你和客戶掌握之事的設計圖。

66

妥協點的預測

# 你如何決定與客戶談生意的結論？主管與同事會認同嗎？

## ◎確認批准程序，找出交易條件

成功「激起顧客的動機」後，接下來是「確認批准程序」。要確認這場洽談在客戶公司內部是以哪些程序被批准的。和你會面的負責人向主管回報就行了？還是得往上向負責的董事呈報？或者最後得輾轉向社長書面請示？這些細節一定要確認。同時還要決定讓批准程序中所有人都同意的條件及妥協點，當然，要連負責人說服高層的能力也一起考量進去。價格、交期、地區（範圍）、支付條件、簽約期間等，只要批准程序上有一個人強烈反對，通常就會被退回、擱置。假如有可能會反對的人，建議事先帶主管和對方碰面，以排除這種危險性。

在確認批准程序的階段，要向負責人打聽「這個人會在意什麼？那個人會在意什麼？」，或者直接與對方見面、獲得資訊。當然，你可以跟所有人討價還價，不必接受對方全部的要求，總之，讓對方同意即可。動機被激起的負責人是你強大的夥伴，可以和他商量用哪些條件才會過關。

## ◎平時與主管和同事的關係，會在必須立即確定交易條件時發揮作用

與客戶口頭約定條件後，如果因為自己的主管沒有許可而被推翻，好不容易被激起動機的客戶也會失去幹勁。有時候難免會遇上不當下向客戶提出條件就無法繼續進行的時候，因此身為業務員的你，必須能預估自己提出的條件主管與同事是否會認同。和顧客交涉的同時，也要用心說服主管與同事。

此時的重點在於，你與主管、領導者平日的關係。另外，對待與交貨有關的同事也一樣，「平時任何事都願意商量，只要沒有太大問題，折扣與交期等條件不會全都順著客戶的意思」假如能建立這種信賴關係，在緊要關頭大家就會認為：「他會選擇這麼做，也是沒辦法的。」反之，如果什麼事都不商量，總是把嚴苛的條件帶回公司，大家就會覺得：「他又這樣搞！這次我絕不會認同，一定要駁回！」想讓商務洽談順利進行，在公司裡就不能樹敵。

# 67 再次研究妥協點 假如結果不如預期，你會怎麼做？

## ◎打鐵趁熱！思考立刻和對方主管見面的方法

成功激起顧客的動機，也確認了批准程序，負責人要求提案書之後你也擬定、提出了，結果卻有可能還是「不行」。這時你會怎麼做？假使負責人向社長呈上書面請示書，身為「最後批准者」的社長卻否決了，這會是個很難推翻的嚴酷狀況，即使跟對方主管商量也行不通。雖然在對方主管這方面順利通過，卻被上級否決的例子不算少，但也不用直接放棄。

打鐵趁熱是有必要的。首先要弄清楚被拒絕的理由，通常可以想到3點：①「激起顧客的動機」階段做得不夠，負責人沒有認真地向主管呈報；②主管或更上級的主管在意某一個點而否決提案；③批准程序上有人從旁干涉。原因大概是上述的其中之一。①也包含了負責人不被主管信任的問題，如此一來，繼續和負責人交涉也不會有結果，必須思考和他的主管直接見面的方法。

## ◎沒見到面，就不會知道真正的理由

②的情況中，被拒絕的理由是在意之處。也許是競爭對手和對方的主管認識，另外，也可能是洽談期間狀況改變，使得優先順序發生變化。重點在於弄清楚被拒絕的理由，然後和你的主管商量，判斷能否提出跨越理由的提案。假如提案能夠解決在意的問題，就請負責人為你引見反對者，並且和主管一起上門拜訪。直接見到面，也許就能確認反對的真正理由。這時若能解決問題，離下訂單就不遠了。

像③的情況我也會選擇直接拜會。如果負責人沒辦法引見，就先請他引見主管，然後再請主管引見反對的部門，雖然得一步一步來，不過，通常要見了面才會知道真正的理由。讓人意外地，雙方有時也會一見如故，順利地下訂單。另外，負責人的意願也很重要，這一點不能忘記，在他仍有幹勁時都還有機會。

# 68 確認對策 是否全盤掌握自己部門所使用的業務戰術？

## ◎將資訊轉變為知識，將知識轉化為智慧

這是把策略轉變成戰術的過程，以棒球為例，假設決定三振打者（策略），在思考配球（戰術）時第一球要投出直球還是變化球，你得問問自己是否清楚該投出哪一種球路。在「激起顧客的動機」、「確認批准程序」和「獲得提案的材料」時，將各種手法變化區分成自己嘗試過的、自己部門過去試過的，或者尚未嘗試但時機一到便想嘗試的，分別學習掌握，並且思考何時、如何使用會最有效果，這就是將知識轉化為智慧。將對策整理歸納成「這種時候就要用這種方法」，就是所謂的資訊化；「要是自己的話會如此運用」像這樣瞭解自己的使用步驟，則稱為知識化；而理解「如此運用會最有效果」的狀態，便是智慧化。資訊要自己能夠運用，才會變成知識，當能夠完全地運用時，就成了智慧。即便是關於「激起顧客的動機」這一點，在你的部門之中，也一定存在著各種知識與智慧。

## ◎他人的成功案例中暗藏著寶藏，要積極地模仿、運用

我們試著將對策分成「激起顧客的動機」、「確認批准程序」和「獲得提案的材料」，再分類為「自己嘗試過的」、「自己部門過去試過的」、「尚未嘗試但時機一到便想嘗試的手法」，也就是製成3×3的矩陣。當中是否有許多明顯的空白呢？人有個意外的習性是，只會重複自己的成功手法，對於新事物或他人的成功經驗則漠不關心，如此將錯失難得的機會。把前輩與同事的成功方法、或是本書及其他業務相關書籍所寫的方法化為己用，一定有助於提升你的實力。

請挪出時間瞭解別人的方法，尤其優點要徹底模仿。首先，對於成功案例要養成習慣，盡快將之區分成激起動機、批准程序、提案內容三部分，並且詢問成功的經過。過去的案例中，就算是自己部門人盡皆知的事也要一一做分類，然後在談生意時模仿運用。

# 69 自我評價與下一步　在行銷理論中，哪些理論能活用於自己的業務？

## ◎不只ＳＴＰ理論和３Ｃ分析，還要扎實學習其他基礎知識

當自己的對策變得多元，就會開始留意用在哪種情況會更有效。業務員的工作是創造顧客價值、參與行銷活動，以及主動進行銷售行為。因此，能夠使「為銷售行為打底」的行銷活動變得有效的理論，也要牢牢地記住。

行銷理論中，大家得先記住ＳＴＰ理論這種思考模式。Ｓ是Segmentation（瞄準市場的哪一部分？）、Ｔ是Targeting（瞄準時，重點放在哪裡？）、Ｐ是Positioning（和其他公司的切入點有何不同？）。導出Ｐ（Positioning）的方法有３Ｃ分析，也就是從市場（Customer）、自家公司（Company）、競爭對手（Competitor）的特性，找出自家公司與競爭對手相比，被選上的理由。學習這些理論對於創造顧客價值很有幫助，此外，用邁克爾・波特和菲利普・科特勒的理論驗證自己的策略也十分有助益，大家應該自己查資料學習。

## ◎直接詢問顧客想要什麼，並非有能力的做法

彼得・杜拉克曾說過，理想的行銷是不需要推銷行為的，也就是創造出自然暢銷的狀態。他認為行銷活動中，提高生產力比人為介入買賣行為更加重要。然而，正如產品與服務之間彼此競爭，業務活動上也有競爭。在目標市場裡，假如充斥著只懂得運用廣告與宣傳活動的公司，那麼重點擺在直銷的公司，市場定位就會顯得鮮明。有時候比起創造品牌或建立評價，有「人」的介入滲透速度才會加快。不過，只靠直銷迎戰，會看不清總體情況也是事實。要瞭解顧客想要什麼，不能只是直接詢問顧客，還要廣泛地掌握他們置身的真實情況。顧客在想什麼、如何行動，必須從各種角度與時間軸去感受。學習行銷理論，就是從不同於會面的角度瞭解顧客的思考與行動，在這層意義上是絕對不可或缺的。

# 70 累積資料與經驗 如何累積並運用顧客資料？

## ◎要累積能瞭解事實的資料，而不是依心情揀選

顧客資料包含了呈現出顧客的組織與課題等狀況的資料，以及關於你和你部門對該顧客進行了何種業務活動的資料。首先，呈現出顧客的組織與課題等狀況的資料，建議以一張單子保存，讓組織裡的所有人都能檢視整體。單子上要整理記錄下企業的基本資訊與人事資訊、組織圖與經營計畫，或者是客戶的部門課題等，每天補充、持續更新。尤其組織圖要記下誰與誰見面，友好關係要像得分表一樣更新，這麼做就能和主管一起思考下次該與誰見面。另外，觀察誰的地位高、該企業和哪間企業有關係，對於思考策略也很有幫助。至於表現出你和你部門對該客戶進行了何種業務活動的資料，只須著眼於有哪些行動、進展如何的事實，充滿情緒表現的日報沒什麼用處，只會讓人被類似藉口、為了自保的謊言所影響。可能的話，要把拜訪次數按時間順序排列，記下在業務流程中哪些行動進行了幾次、結果如何，整理成能夠客觀瞭解的資料。

## ◎仔細分析資料，與實際的行動結合

你應該分析如此累積下來的資料，並且活用。資料只不過是資訊，必須經由加工變成知識，再轉變為智慧，以期在實際行動時拿出最好的表現，而這就是你的工作。

比方說，正確解讀以往的資料，並且擬定了以下方針（策略）：①拜訪身為批准者的專務董事；②提出解決該企業人事課題的方案；③對該企業的客戶A公司施加壓力。接著就要思考執行方案（戰術），決定該以何種步驟執行。拜訪①的專務董事的執行方案是，首先上門拜訪祕書B，然後向主管透露出③的有效性，確定會面時間後，拜託自己公司的常務董事一起前往拜訪，以清楚的5W3H決定行動順序。如果依然感到不安，就按照知識創造的流程，向主管或有實力的前輩等能客觀看待事件的人請教意見。要讓知識與智慧融合，根據他們的意見再次思考，並且進一步運用。

# 71 反映在團隊能力上 商務洽談的進行方式（對策與再現性）是否有轉化成團隊能力？

## ◎業務能力表現在對策的衝擊強度與洽談技巧的高低

業務能力是以一個人的對策是否具有衝擊性和洽談技巧好壞，兩者相乘後得出來的結果。所謂對策具有衝擊性，是指每一項對策都能引起對方的共鳴，具有使對方想要接受提案的能量，大致上來說是擁有熱情、細節細膩，而且速度快到能讓對方大吃一驚的程度。而所謂洽談技巧好，則是指充分掌握洽談的狀態，能毫不猶豫地採取下一個最佳對策，也就是可藉由語言精確地重現狀況，分析造成這種狀況的原因，並且準確地預測未來。

有一種常見的情形是，新進員工出乎意料地成功接到訂單，那是因為一心一意的努力精神形成對策的強烈衝擊性，因而凌駕了資深員工的洽談技巧能力。而對照之下，資深員工的業績之所以逐漸變差，是由於縱使洽談技巧變好，拚命程度卻減弱，提出的對策衝擊性不足，於是漸漸難以引起顧客的共鳴。

## ◎身為業務員的你，得將業務能力轉化為團隊能力

你必須經常意識到這兩點，來提升自己的業務能力。並且在你的促成下，也要讓主管和與洽談有關的整個團隊意識到這些事，並積極面對。例如，在「激起顧客的動機」時，你計劃讓主管和交貨後負責服務的前輩同行。這時倘若你在洽談時的說明無法抓住要點，對於顧客要求的說明無法充分回答，這種準備不足的拜訪，和你在商談時的說明能切中要點，對於顧客也準備了具有強烈衝擊性的對策，兩種拜訪情況之後的發展定會截然不同。業務員必須細心注意自己的對策是否具有強烈的衝擊性，或是洽談技巧好不好，同時也不能忘了留意能否發揮團隊的能力。我把忘記這些事命名為「算了」病，須經常檢討自己是否如此，或者是這個病有沒有傳染給整個團隊。

# 72 能教育顧客的後續追蹤

# 你如何做後續追蹤？

## ◎想要增加訂單，再次產出課題和教育顧客很重要

對業務員而言，後續追蹤不只是提高顧客滿意度的行為，而是為了獲得下次訂單與介紹而執行的。如果你想提高業績，就別滿足於顧客一次的下訂，要發現下一個課題，藉由提出解決方案多次獲得訂單。不斷創造或發現下一個課題，稱為「再次產出課題」。當然，開發新顧客也很重要，不過從對你的產品與服務感到滿足的顧客，也就是從已建立起信賴關係的顧客重複接到訂單，很顯然比較有效率，對吧？但是，就算自己不斷主動找出下一個課題，若是顧客沒有強烈的興趣與意願，就不會有下一步打算。你得頻繁地拜訪顧客、提供資訊，增加顧客對於你提案方向的知識。

這種行為就是在教育顧客。你的理想應該是在你所能提供的範圍內，再次激起顧客的動機。你要一邊掌控方向，一邊教育顧客。

## ◎若不持續產出課題，交易就會減少或取消

倘若顧客的興趣偏離你所能提供的範圍，或是你沒有教育顧客、讓顧客對於你所能提供的領域慢慢失去興趣與意願，你就會開始流失顧客。要小心「那就交給你了」這句話。雖然這話聽起來彷彿是顧客信任自己、十分順耳的話，其實對業務員而言是最可怕的一句話，一定要記住。「那就交給你了」也可以換成這種說法：「我對你和你的公司沒興趣了。」這並不代表不再信任，而是對方判斷無法從你的公司獲得新價值，即使之後不參與，期待值也一樣的意思。

這時如果因為競爭對手出現，對方參與批准程序的某位主管對你不再友善、或其他部門另有強力的介紹人選，你的交易就會開始減少。於是，以這件事為開端，對方負責人與你的信賴關係會逐漸變淡，他和你的利益關係也將消失，交易就會步入取消的下場。

# 73 戰術的下一個舞台 假使目標達成，接下來該做什麼事？

## ◎目標達成後，盡早往下一步展開行動

若能漂亮地將你的策略落實於周密的戰術，下一步你該做些什麼呢？當然，鬆一口氣後，為了養精蓄銳、為接下來做準備，也許需要獎勵自己。另外，要想累積知識，也必須驗證這個策略與戰術為何能達成。最不能忘記的一點是，要再一次回到自己的想法。你擬定的策略與戰術，本來就是為了實現你的想法，或達成某個理想而產生的，看清楚這次的策略與戰術有達成想法的哪些部分，或達成哪些目標，然後盡早定下下一個目標。重新下決心，別讓自己的想法動搖，「這次的策略與戰術有點太簡單」、「找人一起投入的方式不夠好」要像這樣反省策略與戰術的訂定方式和實行方式，然後重新檢視環境、工作流程、價值基準與顧客價值有無改變，依據下次要達成的目標擬定下個策略與戰術，盡快展開行動。一流業務員在這方面的速度就是不一樣。

## ◎無論如何表達感謝都不夠

還有一點絕不能忘，就是對達成目標的相關人員表達感謝之意。光是在心裡感謝並不夠，一定要用言語或其他方式來表達。尤其對於與業務員不同、功勞不易顯現的其他部門成員，稍微誇張一點的表達方式才是剛剛好的。

你之所以能達成目標，本非只靠自己的力量，而是因為有身邊的人從旁協助。你的那些策略與戰術，是實現你想法的里程碑，既然如此，把這次的功勞當成完成下個策略與戰術的能量，分給所有人是否也不錯？我建議各位，在呈給主管的報告或公司內部報告中，要鉅細靡遺地寫下協助之人是如何出力的，之後也要設法間接傳到那些人耳中，他們便會覺得「為了他，我什麼都願意做」，並且再次協助你達成下個策略與戰術。

## 注意要點

用你的話整理成語言（概念化）吧！然後再閱讀一次正文並且反省。如此一來，就能提高技能，實力將更加提升喔！

☑你能否明確回答策略與戰術的差異？

☑你知道業務員第一次拜訪客戶時，必須使用的3個手段嗎？

☑你在拜訪客戶前該做什麼準備？準備是否充分？

☑讓你的客戶提高意願的方法是什麼？

☑你如何決定眼下商務洽談的結論？

☑你製作企劃書的重點為何？會注意什麼？

☑你是否能從過去的案例與現況，完全掌握現在能利用的手段？

☑你所知道的行銷理論有哪些？

☑你使用的顧客資料包括哪些內容？又擁有多少呢？

☑你是否理解業務能力的真正內涵？知道該如何鍛鍊嗎？

☑你必須為既有顧客做哪些事？

☑你能否將你最重要的業務策略落實於具體的戰術中？

第8章

[打動人心]

# 訊息與溝通

# 74 使目的明確化 你是否會思考為何而行動？

## ◎溝通能力就是打動對方的能力

把溝通單純想成互相理解的手段，在商業界可是大忌，應該主動進一步思考互相理解的目的，把它當成打動對方的手段。總而言之，在商務上進行溝通，就是傳達訊息來打動對方，因此是否具備溝通能力，正是指是否擁有用訊息打動對方的能力。做生意無法光憑一個人的力量，當然，或許也有不太需要團隊合作的時候，但你至少得打動顧客。所謂的打動，在某種意義上是憑藉你的意志掌控對方，或是與對方的關係。如果你立志從商，就一定要學會溝通。

首先，打動對方是有程度與階段的。你希望對方理解，還是希望他對你有不錯的評價？如果這樣不夠充分，你是否希望對方實際採取行動，或是期待行動之後的成果？按照目的，你傳達給對方的訊息也必須改變強度、熱情與深度。

## ◎謹慎以對，防止行動失誤

傳達理念與想法、讓大家理解你在業務現場推動的方針與執行方案、令組織成員貫徹你這位領導者所提出的策略與戰術，無論你想做什麼，都必須靠溝通能力支持你。大家在利用溝通能力打動眼前的對象（個人）時，要知道它同時也是推動組織的工具。既然是工具，就得讓它升級，也要愛惜、鍛鍊這項工具。

此外，溝通能力與其他打動別人的能力（例如武力、權力或財力）相比，雖然成本明顯較為低廉，卻是不知是否確實有效的東西。而且要是弄錯用法，就會頻繁出現與意圖相左的反作用，必須謹慎以對。因此，在操作時得經常留意，先把「為何要打動別人？」這個目的弄清楚，再仔細思考確實有用的方法。訓練溝通能力就從這裡開始。

# 75 分析對方 你想傳達的對象是哪種人？

## ◎對方會為怎樣的事行動？

假如你已經有明確的溝通目的來打動對方，接下來就得看清對方是怎樣的人。就打動對方的角度來說，首先得判斷他是願意聽自己說話的人，還是信賴關係不夠穩固、會依據你說的話或傳達的訊息來決定是否採取行動的人？抑或無論何時都反對你的意見，甚至曲解意思、故意唱反調的人？

當然，對於一定會為你行動的人，絕不能採取會失去信賴關係的方法，不過最費神的部分是，如何看清不知有何打算的人。比起摸清楚他的個性，最應該重視的是「湊齊哪些條件他才會行動？」。首先，要判斷對方具有何種行動傾向，此時第94頁介紹的社交風格便能派上用場。他是想自己思考合理的做法，還是經過分析才會認同？會為了引人注目而在意別人對他的印象，或者顧慮身邊的人、不想引起風波？你得看清他行動的傾向。

## ◎也要留意對方的關心程度和在意的話語

接著，關於這個主題對方是否自主地思考過？或者不加思索，只在意心情與感受？這樣的判斷也很重要。若是會仔細思考的人，就把他在意重點的優缺點都準備好，交由對方自行判斷；若是不加思索的人，最好把其中的優點編成故事，完全灌輸給對方。

深入思考的人，即使和你感情深厚，也會先判斷你所說的話是否合理。反之，不加思索的人，會在意你所說的話是否可靠，以及自己身邊的人是否也會採取同樣的行動。另外，在過去的對話中，假如有能夠打動對方的甜言蜜語，像是他對哪件事反應不錯、頗有同感等，把這些話語記下來也很重要；相反地，對他絕不能說、絕不能做的忌諱也得注意。

## 76 替對方翻譯 想傳達的事，能否化為明確的語言使對方理解？

### ◎所謂訊息，是你傳達給對方的東西，而非你想傳達的事

即使好不容易整理出好的訊息，若是無法正確傳達便毫無意義。因此，你至少要把自己想傳達的事，化為對方容易理解的語言。自認為已清楚說明，卻總是無法傳達給對方的人，通常都只用自己能理解的語言來敘述。例如，公司內部所使用的用語或專業術語（包含外來語）、過度使用省略語，或者談話內容冗長而不得要領，讓人不知道在說什麼。舉出一堆公司內部用語和專業術語的人，在別人眼中感覺是在擺架子。

從顧客判斷你在擺架子的那一刻起，他們就不會想繼續聽你說話。而且經常使用省略語，對方在思考它的用法時，往往會跟不上話題，例如，到底「pro」是指professional還是profile？抑或是program？至於不得要領、冗長的話語，就算顧客做好準備想認真聆聽，結果往往也不知道你想表達什麼，這也是常有的情形。

## ◎傳達方的考量與思慮，是傳達訊息的決勝關鍵

傳達給對方的東西本身就是訊息，不一定專指語言。你喜歡某位女性，想告訴她你有多麼愛她，比起100句甜言蜜語，送1束花或許更能傳達你的心意。另外，想表達替顧客著想的心，比起言語，認真仔細的工作態度和細心的應對會更有說服力。你身為引導商務洽談的業務員，要隨時站在顧客、公司主管與同事的立場，思考對他們說什麼或做什麼，才能使對方準確地收到你想傳達的訊息。請記住，溝通失敗幾乎都是因為傳達方欠缺考量和思慮，而且無法正確傳達會產生誤解，使組織的整體效率低落。更何況也可能會出現故意曲解你意思的強大競爭對手，這都會讓你和你的公司陷入負面的狀態。

# 77 傳達的時機 要現在傳達？還是明天再說？

## ◎能否提升可靠性與重要度，也要看說話的時機

將想傳達的訊息化為能夠傳遞給對方的話語或物品之後，接下來就要斟酌傳達的時機。根據談話內容，有些事得馬上開口，有些反而稍微等待時機之後再說會更有效果。

例如，當顧客提出否定的疑問時，當下必須有一套回應的話術，若當場無法回答，會使你的話語降低價值，也會失去信用。因此，業務員不僅要訓練立即反應的應酬話術，平時也要累積可靠的知識，不能疏於整理大腦的資料庫。

另一方面，如果你有一定得傳達給主管或下屬的事情，對方卻滿腦子想著其他事、忙得暈頭轉向時該怎麼做？一件事情愈重要，你應該會愈希望能夠面對面、四目相對地告訴對方，選在對方慌慌張張時告知，要是他覺得這件事不重要，可就無可奈何了。重要的事如果選錯時機來說，也會變成無關緊要的事。

## ◎要是變得感情用事，就得更加慎選開口時機

因感情用事而感到憤怒時，要克制想立刻反駁的衝動，隔個一天、等心情平穩之後才能整理想說的話，而且通常能挑出對方容易接受的話來說。尤其是下屬或協助自己業務的同仁，對於這些平時來往的人，為避免日後關係惡化，克制你的情緒非常重要。和面對顧客相同，除了糾正現在不說會變成既定事實、你的評價也會因此下降的錯誤情報以外，必須訓練自己隔一段時間再開口。

同樣是情緒性的話語，如果想表達讚美或感動，則要盡可能在當下，或盡量在發覺時立刻說出口，這點十分重要。所謂情緒性的話語，在情緒興奮時表達最能傳達給對方。「恭喜！」、「幹得好！」、「太厲害了！」、「真令人感動！」，如果你能比任何人都先說出這些話，你的祝賀將會令人印象深刻。

# 78 傳達的方式？

## 哪種傳達方式比較好？該直接說，還是間接表達？

### ◎斟酌傳達方式的效果

當你想傳達給對方的內容很明確，能化為語言，也斟酌過時機，接下來就要思考傳達的方式。傳達語言的方式，與以前相比變得非常豐富，除了直接說、打電話、寫信，還有電子郵件。電子郵件能以公司或個人的系統環境發送，也可利用臉書Messenger或LINE等多種手段，藉由已讀符號，還能輕鬆確認訊息是否已傳達給對方。從與對方共享資訊的角度來看，電子郵件等工具在效率與速度上可說非常方便，但是卻不能過於依賴。如同前述的麥拉賓法則，實際見面的溝通效果非常大。若是洽談得順利時倒無所謂，假如覺得進展有點不如預期，就應該不惜一切，一定要和顧客見到面。既然傳達方式增加了，希望你能選擇最有效的手段來運用。

### ◎間接傳達方式的效果也要知道

直接告訴對方和間接告訴對方，你覺得對傳達事情來說何者比較有效？或許你會回答，傳達重要的事不能交給別人，應該直接當面告知。然而，就對方而言，假如間接傳話的人是比你更能信任的人，或是不得不聽從的人，那又會如何？根據話語的內容，有時間接傳達會比較有效吧？

的確，不知傳話的人會如何傳達，這點令人感到不安，但是當你不執著於談話細節，只希望意思能傳到時則非常有效，例如：「他十分讚賞你呢！」「他對於那件事感到很遺憾。」「他說對你非常抱歉。」另外，加上傳話者的意見也能產生更好的效果，會比直接傳達獲得更棒的結果，像是「關於那件事，看在我的面子上，你能幫他嗎？」，或「關於那件事，似乎有很複雜的內情，連我也沒轍」。

# 79 溝通的效果 你說的話能拉近與對方的關係嗎？

## ◎人會看關係行動，所以要建立良好的關係

弄清楚溝通的目的、看清對方、讓想傳達的訊息變得明確、斟酌時機並思考適當的傳達方式，持續執行這種能夠打動他人的溝通程序，便能和對方建立起良好的關係，而這樣的關係也會在彼此之間不斷累積。相反地，沒有目的地放任情緒作用、只顧自己、訊息內容千篇一律、直來直往肆意謾罵，如果持續和對方如此溝通，對方心中就會累積「誰要聽他的啊！」這種負面情緒，進而演變成最糟的關係。與其說人是根據每一次的溝通程序採取行動，倒不如說是憑著累積的關係彼此互相推動。

假使你和主管、下屬之間已建立起良好的關係，想必你和對方一定是十分謹慎、細膩且真摯地重複上述的溝通程序。倘若正好相反，也許就是對方或你的溝通方式有問題。和顧客之間也是同樣的道理。

## ◎建立良好關係需要很長的時間，卻能毀於一旦

如果想獲得商業上的成功，就得讓許多人為你而行動，要是用積極的角度來解讀這件事情，就是你必須打動更多的人。正因如此，要經常採取謹慎且清楚的溝通方式，持續與更多人建立良好的關係，一刻也不能疏忽大意。因為信賴關係（也就是良好的關係）雖然必須花費漫長的時間來建立，卻能毀於一旦。好不容易努力維繫起來的關係，只要有一次說錯話，就可能讓對方心想「什麼啊，原來這才是你的想法！」、「那種說法根本欠缺考慮」，因而從此失去信任。

尤其業務員是代表公司和客戶會面，必須隨時自覺到你的發言正在建立與該公司的關係。而且進一步來說，從你踏出家門的那一刻起，就必須意識到你的一舉一動都會被人注意。從你的相貌和姿態等外表，也會發出訊息。

# 80 對方如何看待你？ 別人對你有好印象嗎？

## ◎你的良好形象，會對你公司的生意有幫助

溝通不只是靠語言和外表，你的所有行為都會變成訊息，且決定你的形象。尤其在業務界，別人對你的印象會決定他對企業的印象，進而影響創造顧客價值的過程，也可能變成行銷活動的一環。假如顧客經常對你有好印象，你的公司與其他企業相比，肯定在商業上能有更好的發展。不僅如此，如果你的形象真的很不錯，它通常也會變成暫時的存款，對你的主管、同事或繼任者發揮良好的作用。

因此，你得留意自己的行動，無論何時都要給顧客留下好印象。要總是笑容不斷、行動迅速、注意細節，並且努力不懈。尤其應該注意容易被比較的部分，像是問候、行禮和清爽的外表。另外，如果你是一位志氣高昂的業務員，即使面對公司內部同仁時，也要用心製造好印象。好印象就像是你的存款喔！

## ◎下班時間也要有對組織負責的當事人意識

好印象並非只在營業的上班時間才要留下，下班時間和同事去喝一杯時，要是在餐廳過分喧嘩或是亂罵店員，給其他客人造成困擾，大家就會議論紛紛：「他們是哪間公司的員工啊？」於是害公司的形象跌落谷底。另外，在捷運上不讓座給年長者或孕婦、戴著耳機滑手機撞到人、酒醉鬧事，或是開車時明明行人穿越道上有小孩卻無視交通信號、走路抽菸或亂丟菸蒂等，也是同樣糟糕的行為，都會使你留下不好的印象。

尤其在社群網站十分發達的現代，這些壞印象會留下名聲（評價），使得個人與公司被肉搜，甚至可能會傷害品牌形象。經營高層在公司外發生醜聞，這種印象對業績帶來不良影響就是典型的例子。因此，或許你會覺得有點喘不過氣，但是一踏出家門，你就開始製造公司的形象，要用這種心態來警惕自己。重點在於，要有對組織負責的當事人意識。

# 81 對方聽起來符合邏輯嗎？有邏輯地表達想說的話是怎麼一回事？

## ◎想打動對方，就需要有邏輯的道理

要是對方說「你說的話很難懂」，就表示你的話缺乏邏輯。所謂有邏輯地表達，是指結論與根據很明確，說話有條有理。希望大家回想一下，溝通能力就是指打動對方的能力，為了打動對方這個目的，達成手段就是語言，關鍵在於重視條理、讓對方容易理解。尤其面對對方的提問，回答的結論、根據、背景、還有執行方法一定要很清楚，而且要排出順序。必須按照狀況與場合，不附帶前提、一針見血地清楚表達結論。而根據是否基於事實，或只是個人的意見，這點也要弄清楚。如果這個部分含糊不清，就會影響可靠性。另外，背景也要按時間順序排列，方法是以5W3H具體地表示。面對顧客與主管的提問，不要瞬間不加思索地講出想到的事，應該先吸一口氣，將你的回答，也就是結論、根據、背景與方法整理過後再說出口。

## ◎依據談話對象，決定結論要擺在哪個位置

尤其和主管、客戶在緊要關頭應酬時，建議利用「頭括法」，一開始先講結論，然後依序說出根據、背景與方法。主管和客戶通常沒時間聽你慢慢說，所以先從結論講起比較有效率，能讓想傳達的事強烈地留在他們心中。如果你說的結論與根據很可靠，之後敘述背景與方法時，對方就會感興趣且願意聆聽。

反之，面對下屬和時間充裕的客戶，建議利用「尾括法」，起初先從根據開始說起，中間穿插背景與方法，最後再以結論做總結。談話內容的可靠性很重要，所以在能夠掌控時間的前提下，要盡可能一併說明事件的前後關係、引發共鳴，讓對方把它當成自己的事。盡量在封閉的空間內充分利用時間，並且互相確認結論，以這樣的談話方式為目標。想要增加談話的效果，在結論、根據、背景與方法的順序上也要下工夫。

## 82 能否變成故事？用故事表達為何容易引起共鳴？

### ◎說出好故事的人容易受到信任

大家一聽到〈螞蟻和蟬〉、〈龜兔賽跑〉，馬上就能回想起這些寓言故事。究竟父母和身邊的大人為何會說這些故事給你聽呢？雖然故事本身很有趣也是原因，不過目的大概是希望你發覺「切勿大意」和「努力」的重要性。人聽故事時不會有壓力，而且會把故事情節當成自己的事、自己得出結論。

因此，描述產品與服務時也一樣，只要編成故事敘述，顧客便會自行判斷，而且很有可能決定下訂單，說服的時間、風險都會減少。另外，這種行為真正的意義在於，它是能打動別人的祕訣。講道理說服、以誘因引誘、藉由魅力吸引人等，或許具有短期的效果，但卻無法真正獲得信用與信任。能說出好故事的人，不會強迫聽者接受結論，激起對方的自由意志才能贏得持久的信賴。

## ◎好故事不會聽膩，還會想多聽幾遍

用故事描述的要點在於，「大膽改編」和「重複說相同的故事」這兩點。倘若說故事的目的主要在傳達某個訊息，那故事內容當然要有趣動聽。雖然不能完全說謊，但為了讓故事變有趣而稍微改編，更能呈現出臨場感，這麼做是必須的。而且，如果非要選擇的話，比起自吹自擂的成功故事，一般人更愛聽失敗經驗或克服難關的故事。在描述車子的煞車性能時，比起吹噓「以高時速征服可怕的彎道」，「在雨天搞錯踩煞車的時機而差點送命，幸好最後平安無事」的內容聽起來會更加愉快。

在此同時，你所說的故事要非常洗鍊，使對方聽得清楚明白，這點也很重要，所以必須重複練習，並稍做修正。說者往往以為同一件事對方大概聽膩了，其實不然，跟小時候一樣，人在聽到有趣的故事時會想多聽幾遍，尤其是具啟發性的故事，會希望聽善於說故事的人再講一次。

# 83 努力做總結

# 如何總結會議和商務洽談的內容？

## ◎整理談話是有方法的

談話在一定時間內沒有結論，可能有兩個理由。一是討論得還不夠充分，二是討論無邊無際，錯過了歸納的時機。為避免這兩種情形，你必須學會對話（dialogue）與討論（discussion）這兩種技巧。

首先，在會議前半段，為了對一項主題的定義達成共識，須從各種角度進行開放式的談話，這就是對話（dialogue）。對於會議的目的、主旨，或者要討論的事項與詞語的意義，為了達成共識，必須讓全體與會者專注於議題進行對話。在這當中，大家可以提出假說、探索各種事物，並以學習的態度去面對。從部分瞭解整體，再檢視部分如何相連。然後，如果覺得談得差不多了，接下來針對一項議題，為尋求解答而進行聚焦式對話，這就是討論（discussion）。因為目的是下決定，所以要讓一項定義獲得同意，使假說正當化，堅持己見並說服他人。將問題分割為部分，檢視部分之間的差異，再判斷何者為優。

## ◎洽談時要注意完全不發言的人，一定要讓他加入對話

有時在會議和商務洽談時，會有完全不發言的出席者，這對業務員而言是十分危險的狀態。因為他沒有加入對話（dialogue），也就是並未對定義達成共識，很有可能心存疑問或持反對意見離開會場。如此一來，就算你和其他人討論出結論，在洽談結束後，這個人可能會說「其實我反對那項結論」，在你不在場時推翻結論。若是公司內部會議，你可以把問題歸因於那些不發言的人，可是在商務洽談時就行不通了，你要憑著身為「負責洽談的業務員兼引導者」的幹勁，先讓全體成員參與對話（dialogue），等到確信所有人都對定義達成共識，再進行討論（discussion），進而得出結論。換個說法就是，在使定義達成共識的階段要請所有與會者發言，然後在決策的階段確認意見一致。洽談能否歸納出結論，全憑你的能力而定。

# 84 出乎意料也別慌張

## 你知道為何對方會有超出預期的提問嗎？

### ◎冷靜面對惡意的提問

對方提出出乎意料的問題，通常是已經準備好答案，並且希望你照著答案回答。若是出於善意便十分令人欣慰，但如果出自惡意可就不妙了。這時慌慌張張地回答，便會成為既定事實，即使你謹慎地附帶條件說明也會被打斷，只有對方想聽的話才會成為事實。以前有個偏袒競爭對手的負責人如此提問：「沒辦法再談條件了，是吧？」之前我一直對交涉價格做出回應，以為談條件＝交涉價格，於是回答：「實在沒辦法了。」結果那場洽談被競爭對手搶走訂單，後來那位負責人的主管告訴我理由，在請示書上寫著「交期和支付條件等完全無法繼續談下去」，因此選擇了競爭對手。雖然我辯解從未說過那種話，卻早已錯過時機。應付這種惡意手段有兩個方法，一是謹慎地確認這個提問的意圖。「『沒辦法再談條件了』是什麼意思？」如果有餘裕這麼追問，就能閃躲惡意的提問。

## ◎在對方提出問題前，準備一套關鍵訊息

另一個方法是，事先決定如何回答，這稱為「面對提問的關鍵訊息」。首先需要你的方針，接著觸及對方面對的課題，然後提出解決方案，最後說出你該做的事，也就是約定。例如，無論對方提出多古怪的問題，都用預先準備的關鍵訊息回答「無論如何我都想和貴公司往來」、「這時能獲得您的理解是最重要的事」、「在獲得您的理解之前，請您先說出您的條件」、「至於可不可行，我向主管確認後一天之內會給您答覆」。至於前述的情況則回答「您說的『談條件』是指什麼？」即可。這麼一來，無論多麼超出預期的提問，你都能較為從容地應對。在客戶或自己公司內通過重要案子的簡報場合，現場一定會有一、兩名反對者，這時不用慌張，利用這個方法度過難關吧！

# 85 讓簡報成功 簡報的最終目的為何？

## ◎記住成功的步驟

簡報的最終目的是，讓參加簡報的所有人理解你的意圖，並且盡其所能地展開行動。因此，簡報的成功代表著主旨的說明、參加者意見的統一、參加者分配到的職務等，全都按照你的預期。那麼，就讓我們來理解簡報獲得成功的步驟吧！

首先，要弄清楚自己今天簡報的目的，並決定說明順序和故事的呈現方式。然後，決定結束的方式，例如：最後由誰擔負什麼職責。接著，為了消除對方的緊張感，創造能夠積極對話的狀態，要刻意穿插能夠建立「投契關係」的行為，說出與對方的共通點和體貼對方的話語。並且藉由「今天要討論的事情，大家都瞭解了嗎？」這個問題，再次對課題達成共識，確認要討論的內容，之後再進入正題。過程中要一邊確認參加者是否理解，一邊說出準備好的答案（結論、根據、背景和方法），也要回答與會者所提出的、意料之內和意料之外的問題，取得對方認同後繼續進行。

## ◎為了成功，不能缺少練習與準備

在問完問題的階段，要確認「那麼，就朝這個方向進行，可以嗎？」，同時說明準備好的職務分配方式，像是「請A確認這些條件」、「B對這個案子很清楚，能請你準備附在請示書裡的資料嗎？」、「請C在立場上支援B」，分別向同事表達敬意，並分派具體的任務。簡報在完成這些事情時便結束。

不過，簡報是否能順利地在最後結束是有條件的。你不能緊張，須充分準備、練習，沉穩真誠地說明，讓對方能夠接受。之所以會緊張，是因為你想表現出超出自己實力的水準，也許緊張是難免的，但減少緊張的方法只有反覆地做準備。得先累積一定的經驗，才能夠順其自然地隨機應變，在那之前請充分地練習吧！

## 注意要點

用你的話整理成語言（概念化）吧！然後再閱讀一次正文並且反省。如此一來，就能提高技能，實力將更加提升喔！

☑對你而言何謂溝通？

☑你在溝通時，是否清楚你的目的和對方的特性？

☑你在溝通時會如何準備訊息？

☑你在溝通時會如何斟酌傳達的時機？

☑你的溝通方式有哪些選項？

☑你和溝通對象是何種關係？你有意識到這層關係嗎？

☑你如何讓顧客留下好印象？

☑你說的話是否容易理解？能有邏輯地表達嗎？

☑你能向人說明用故事描述的優點嗎？

☑你能否說明會議和商務洽談內容是否有結論的關鍵？

☑你會如何迴避出乎意料的提問？

☑你做簡報的成功祕訣為何？

# 第9章

## [動機與貫徹行動]

# 持續執行

# 86 動機的泉源 你的幹勁從何而來？

## ◎你在完成什麼事的時候會感受到喜悅？

有沒有幹勁，會使工作的表現大不相同。你身為在嚴酷的競爭環境中奮戰的業務員，應該會希望盡可能維持幹勁吧？那麼，幹勁究竟是什麼呢？所謂幹勁，是指你一心向著想完成的目標、精神振奮的狀態，所以想知道你的幹勁從何而來，首先要知道你想完成的目標為何。換個說法，就是做什麼事情時，你會覺得自己被吸引。

有人覺得從競爭中勝出很開心，有人覺得獲得他人認同時很高興，或者也可能與他人無關，有些人在自己的人格提升或掌握技術時會感受到喜悅。本來每個人能感受到吸引力的事情都不相同，要是有主管認為，業務員都想提升業績、以出人頭地為目標，那他可就錯得離譜了。比起提升業績，我對於提升自己的業務知識與技術更能夠感受到強烈的喜悅，所以我會在跑業務之餘，遍覽業務和心理學的相關書籍，自己歸納整理內容，並活用於下次的業務現場。

## ◎努力不懈地去瞭解成功的步驟

知道獲得什麼最能激起幹勁後，就要瞭解成功的步驟。如果不清楚這一點，當目標愈大，就愈可能在獲得前放棄。倘若一直無法達成目標，就會做出錯誤的解釋，替辦不到的自己找個正當的藉口。所謂錯誤的解釋，可能是「目標太高、以自己的能力根本辦不到」等，從根本否定想成功的意念。人一旦做出這種解釋，就會灰心喪志，更麻煩的是，這種灰心喪志的感覺會被身體記住。而且，持續沒有幹勁的狀態下去，對周遭人也不會帶來良好的影響，在職場上的容身之處也會愈來愈小。因此無論如何，瞭解成功的步驟並努力去執行非常重要，自己不清楚就去問人、查詢資訊網站、閱讀書籍等等，一定有各種方法。明白有幹勁才有好表現的你，必須去瞭解完成目標時能獲得的喜悅與成功的步驟，這些努力絕對不能鬆懈。

# 87 幹勁的持續 什麼方法能持續你的幹勁？

## ◎選擇能激起幹勁的環境，為結果做更好的詮釋

瞭解完成目標時的喜悅、知道成功的步驟，且幹勁也湧現之後，該如何長久地持續下去呢？你得先思考如何讓自己置身於能激起幹勁的環境。與人競爭、獲勝時能激起幹勁的人，需要一位良好的競爭對手。另外，會因為獲得認同而湧現幹勁的人，身邊有一位知己就會受到鼓舞。如果是對於熟習知識與技術感到開心的人，就應該置身於能遇到好老師與許多好書的環境。

而展開行動、稍微有些成果以後，如何解釋結果在接下來會顯得很重要。做出錯誤解釋會使人灰心喪志，這點前面已經說明過了，能夠維持幹勁的良好解釋方式是，當結果很正面時，想成主因在自己身上，是努力奮鬥的結果，便會產生自信；當結果是負面的，就歸咎於外在因素、運氣或環境，做出自我防衛。想維持自己的幹勁，「不是我的錯」的想法絕非壞事，即使已發生的結果無法改變，藉由解釋的方式，將使下次的幹勁大不相同。

## ◎自己的成功由自己掌握

話雖如此，「自己的成功由自己掌握」的意識也很重要。想提高自己的成功率，就要想成能否成功的原因在於自己，必須親自鑽研方法，提高自身的實力。例如，當得到出乎意料的正面結果時，別只顧著高興，要仔細分析原因，而當再次發生同樣的情形時，建議你把步驟變成自己的知識，之後才能成功地預測。而得到令人跌破眼鏡的負面結果時也一樣，雖然一開始可能會責怪他人讓自己的心情平穩下來，不過結果肯定有些原因與自己有關，我希望你不要覺得是自己能力太差或課題太難，應該心想好好做的話下次就能辦到，並且分析失敗的原因。這麼一想，無論是哪一種結果，你都能控制情緒，對提升自己的實力產生助力。藉此，你也會清楚成功的步驟，於是又會產生幹勁。你必須將結果轉變為對下一次挑戰的期待。

# 88 讓幹勁轉變為行動 你知道你的行動力源於何處嗎？

## ◎行動並非衝動，是伴隨目的的理性行為

行動是將結果轉變為情緒才開始的。這裡所說的行動並非衝動，不是指無法克制生理的興奮而活動身體，而是伴隨目的的理性行為。那麼，讓我們來看看理性地行動是怎麼一回事。首先，自己參與的事獲得某個結果，然後分析為何會得到這個結果，在分析的過程中，包含對接下來的期待等，會產生生理的興奮，至此與衝動發生前的過程相同。然而，為了克制興奮，不要馬上活動身體，要將興奮感分類，先轉變為知識，像是「這種時候就這麼做」一樣，變成一種模式。換句話說，就是在興奮感貼上表達情緒的標籤，這就是將你的情感化為語言的真正意涵。自尊、憤怒、感謝、驚喜、遺憾、後悔、絕望，這些全是將你的興奮感分類轉換而成的情緒，接著，你就會認知到隱藏在興奮感之後的情緒，並且盡自己所能地開始行動。這就是伴隨目的的理性行為，也就是行動。

## ◎行動與情緒密切相關，具有行動力就是指情感豐富

因此，所謂具有行動力，是指在思考行動結果的過程中，創造出自己能夠處理範圍內的高度生理興奮，藉此從以往的經驗裡完善地抽取出知識，變成記憶記住，並妥善地貼上容易再現的情感標籤且合理地加以控制，接著只要有某種成為開端的刺激出現，身體便會立即做出反應，這些都要靠自己訓練，並養成習慣。總歸來說，所謂具有行動力的人並非衝動地採取行動，而是指會思考、整理龐大的情緒，為了滿足情緒而有意識地行動的人。想必各位已經明白，一個人的行動力，是藉由表達情緒的語言創造出來的。如同上一節說明的，結果必須轉變為對下一次挑戰的期待，但什麼努力都不做的話就會被遺忘。能幹的業務員會以語言來表達期待和情感，這麼做可以增加想起來的機會，也能防止遺忘，以將之轉換成自己的行動力量。而且，不論是否表現出來，能幹的業務員都是情感豐富的人。

## 89 激發幹勁 你會不會削弱了別人的幹勁？

### ◎人覺得自己受到信任時，就會產生幹勁

身邊若存在著有幹勁的人，自己也會產生幹勁。另一方面，待在沒幹勁的人身邊，就會覺得幹勁被削減。可是，如果主管幹勁十足，達成目的的意願太高，有時會讓下屬覺得喪失幹勁，也會感到很討厭，相對地，沒有幹勁、總是倚賴下屬達成目標的主管，很不可思議，卻會讓人產生幹勁想為他做事。人的幹勁就是如此微妙地受到他人幹勁的影響。

這裡不討論自己缺乏幹勁而削弱他人幹勁的人，麻煩的是，有時自己明明充滿幹勁，這種幹勁卻會削弱旁人的人幹勁，那也許是因為你的努力轉變成自信，結果反而顯得身邊的人看起來不可靠，使你的言行舉止流露出輕視別人的樣子，讓人覺得不被信任，這種不信任就會削弱別人的幹勁。人受到信任時會產生幹勁，不被信任則會失去幹勁。假如你想激起周遭人的幹勁、獲得更大的成果，就要相信別人，而且一定要讓對方感受到。

### ◎將自己的不安強加於人並非激勵

覺得自己受到信任和覺得不被信任的話語，到底有何不同呢？大家小時候被父母一直唸「作業寫了嗎？」、「有沒有忘記帶東西？」、「有警覺心一點！」的時候，應該都有因此失去幹勁的經驗吧？至於為何會失去幹勁，那是因為父母的擔憂與不安，變成強加在孩子身上的枷鎖。被強加不安在身上＝覺得不被信任，這就會影響人的幹勁。

相反地，「你一定可以的！」、「你絕對沒問題！」、「我相信你！」，聽到這些話又會如何呢？即使毫無根據，自己卻覺得有了信心，而且產生了幹勁。換句話說，人會藉由受到信任的話語，和自己能幫助別人的自信，從中獲得能夠作主的安心感，並因這些話而提高幹勁。養成習慣對彼此說出信任對方的話語，就會形成有幹勁的組織。

# 90 有幹勁的組織 你是否理解教學相長這回事？

## ◎理解教人的辛苦能使自己成長

讓自己快速成長的捷徑，就是教導他人。或許有人會覺得：「咦!?把自己好不容易學會的技巧教給別人，不是會縮小和別人的實力差距嗎？」不過請想像一下，讓人理解並付諸行動的行為有多麼辛苦。假如你想教人，就得有條有理地說出不甚瞭解的知識，自己必須清楚細節，才有辦法無論遇到任何問題都能回答。另外，在這個過程中也會對相關知識產生興趣，或許能提高想獲得新知識的意願。

實際教人後，會在各方面瞭解到他人的煩惱與痛苦，藉由一起摸索解決方案，你就能學到超出自己經歷的事，也能理解能力比自己強的人或能力差的人的心情。而且你還會產生「為了教導別人所整理的知識，能對組織的○○部分有用處」的意識，並且自覺到自己是推動組織的一員。而這份自覺，也會影響你今後的幹勁。

### ◎給人機會、陪伴他直到完成，才能加速自己的成長

人的成長來自於「獲得機會，並且有所收穫」的行為。首先，必須獲得略微超出自己實力，也就是達成後能提升自己能力的機會，而且不能中途放棄，一定要完成，才能變成不一樣的自己，也就是成長後的自己。雖說失敗為成功之母，但要是持續地失敗，無論再怎麼努力也不會成長。從經驗中獲得的情緒，要是被貼上失望與挫折的標籤，將不會使你獲得任何東西。

如此細想，教人其實伴隨著責任。常有人說立場是人區分出來的，不過要是站在教人的立場，對他人的成長負起責任，你要做的事必然會增加，而且為了讓對方完成、無論如何都要成功，你一定必須連細節都追根究柢，不得不如此一邊思考一邊採取行動。而這種行動的改變，在別人眼中就是成長，教導別人也有助於你自己的成長。

# 91 鍛鍊執行力 如何才能增加你的魅力？

## ◎提升執行力，創造自己的魅力

為了在別人眼中具有魅力，人總是會想為對方做點什麼而採取行動。因此，希望自己在他人眼中顯得很有魅力，這種想法在提升自己的幹勁上十分重要。那麼，該怎麼做才會讓人覺得有魅力呢？當然，創造外貌、時尚品味與幽默等魅力要素也很重要，不過現在要說明的是，在工作上任何人皆應留意的事。直截了當地說，就是「當個有執行力的人」。和有執行力的人一起共事，會覺得他們很有魅力，因為所謂「有執行力」，就是能對事情下決斷，抱持著信念採取行動。

下決斷需要深思熟慮的敏銳判斷能力；而貫徹信念行動時，膽識、責任感、勇氣、知識、經驗及人脈等以往生活上的實際成績都會發揮作用，每個要素皆是商業上所必須的，想學習這些，首先需要思考的能力。再來，需要果敢行動的行動力，然後將累積的經驗變成力量，如此就能提高一個人的執行力，這就是提升執行力的架構。

## ◎所謂執行力是指判斷力、行動力和修正的能力

想提高執行力，就要從行動前的判斷方式開始改變。首先要弄清楚「為何行動？」的目的意識，接著思考「現況如何？」（分析現況）、「為何如此？」（分析原因）、「該如何是好？」（列舉選項）、「這麼做會變得如何？」（預測將來），讓能做的事、該做的事、想做的事取得平衡，導出「現在該如何行動？」的答案。得到答案後，再來要思考的是「以何種順序去做？」，可套用5W3H讓行動變得具體，然後按照步驟採取行動。

倘若不順利，就反覆在做法上下工夫，一邊修正順序，一邊不屈不撓地持續行動以達成目的。重點是失敗也沒關係，要按照計畫大膽嘗試，要是沒有徹底執行，便很難判斷計畫是否正確，也無法做出正確的修正。這個作業要反覆進行，過程中便能學會執行力。

## 92 凡事貫徹始終

# 你是否理解自己的理所當然對他人而言並非如此？

### ◎讓別人為你行動的重點在於，從背景開始正確地傳達訊息

明明充分告知了，意思卻完全沒傳達給對方，這是常有的情形。儘管自己的理所當然對他人而言並非如此，卻沒有詳細說明傳達事項的背景與前後關係（得到結論的過程），這麼一來對方往往會做出不同的解釋。當然，也可能是因為對方沒有意願聆聽，或者聽話時心不在焉，不過沒有詳細傳達背景與前後關係通常是主因。是否充分理解，會大幅影響之後的幹勁，如果你想打動別人、正確地傳達希望對方做的事，那麼不只事情的內容，連背景與前後關係都要準確傳達。人類這種生物在結論的根據與背景有偏差時，會做出稍有差別的解釋，而且會讓解釋正當化並加強行動。因此，愈想把事情做好的人，一旦誤解就會愈一發不可收拾，為避免誤解使人事後感覺不愉快，一開始就應多加注意。尤其在背景裡藏有重要事項時，共享重要事項會增加親密度，讓對方除了傳達事項之外，更能理解你的意思。

## ◎共享目的意識更能加速對方行動

想要確實地將訊息傳達給對方，也必須傳達為何這麼做的目的。在理解為何執行之後，如果不能引起共鳴，必然不會產生動機。另外，也很可能會和背景與前後關係沒有被準確傳達時相同，讓對方做出不同的解釋而採取有偏差的行動。所謂「在組織內凡事貫徹始終」並非只是重複地叫人行動，而是讓人正確理解行動目的、背景與前後關係，不讓行動有所偏差，也要使意識配合行動。

必須經常留意「自己的理所當然，對他人而言並非如此」，並且找機會與時間不厭其煩地說明目的、背景與前後關係，這麼一來彼此都能提高幹勁，不會做出無謂的行動。同時，在看清對方的個性與實力之後，也要用最大的努力製作出具體的訊息。以團隊行動、以組織行動，就是將上述的一切變得理所當然之後的結果。

## 93 貫徹執行 你是否瞭解何謂貫徹的技術？

### ◎不讓對方思考並非貫徹執行，不過是失去靈活性罷了

那麼，所謂貫徹執行的技術，除了不厭其煩地說明以外，大家還知道哪些呢？其中一個重點就是，使希望對方做的事具體化（標準化），並且讓他當成自己的事。首先，希望對方做的事要盡量以具體的數值表示，指導下屬時別只是說「要多去拜訪客戶」，應該說「一天一定要拜訪3位客戶」。拜託其他部門時也不能說「請儘早完成」，應該要求「請在○日上午完成」。不過，這時只須加強管理「能否完成」的結果，要是強力干涉整個過程，對方就會放棄自行思考，變得無法應付難以預料的事。

譬如，有個十分有希望的商務洽談機會，明明應該占用大部分的時間來做準備，卻在中途喊停，只因為被定下了「一天完成3件案子」的目標，得開始準備下一場洽談的緣故。為避免這種情形，假使一天只能進行2件案子，那麼該如何填補與目標之間的差距，就得讓對方自己思考。而且，要對他的反省表示關心，彼此商

量直到能夠互相理解，這就是此處的重點。讓對方思考，正是貫徹執行時不可缺少的部分。

### ◎追蹤進度才能貫徹到底

此外，想要加強貫徹的程度就必須追蹤進度，直到對方能完成想法。拜託對方的主體是自己，所以對方辦不到時，要想成原因出在自己身上，你要陪著對方直到他完成為止。比方說，當他反映無法達成「一天拜訪3位客戶」的目標時，假如問題出在給予名單的數量上，該怎麼做才能改善列舉名單的方法、需要列出多少名單等，都要當成自己的事情來思考。如果其他部門無法遵守交期，要把自己當成該部門的一員，去掌握他們做事的細節，藉此讓對方瞭解該做到什麼地步的基準。

這就是貫徹執行的技術。所謂貫徹的技術，正是讓對方理解該做到何種程度，並且當成自己的事充分掌握。千萬不要大聲嚴厲地叱責對方做不到的事，不能採取令人恐懼、使之服從的行動，畏縮可是貫徹到底的大敵。

# 94 淬鍊想法 貫徹到底真的就能淬鍊想法嗎？

## ◎要有自己的一套哲學

所謂「淬鍊想法」，是在經歷許多事情後多次回顧自己當初的理想，藉由獲得確信使之昇華，建立起自己的哲學。貫徹執行的態度與這點有很大的關係。貫徹執行的意思，並非憑一時興起就魯莽地持續去做，而是腳踏實地，留意身邊的細節，徹底做到大家都認同的一貫性。換言之，不是為了完成自己任性想法的行為，而是在進行工作時克服與旁人的摩擦和糾葛，並獲得大家認同的行為。

首先，在腳踏實地時，需要學習相當多的知識。不僅如此，連身邊的細節都要注意到，必須面對糾葛當機立斷，並且需要將之引導到正確方向的決斷力與行動力。此外，想做到大家都認同的一貫性，在忍耐力、自制心等與心靈相關的要素上也必須比別人優秀。這一連串的行為會轉變成自信，成為獲得確信的哲學。貫徹到底與淬鍊想法、擁有自己的一套哲學有關。

## ◎哲學會產生真正的靈活性

自己的哲學慢慢具體成形之後，就能擁有更靈活的思考方式。因為自己的核心價值不會動搖，所以更能配合對方。在跑業務的過程中，即使自己領悟的哲學是「先義後利」，但在公司快要倒閉時，去拜託客戶請求協助的行為是否絕對不行，在擁有一套哲學的人看來則並非必然，他會毫不猶豫地去拜託對方，日後再加倍地予以回報，這才是臨機應變的應對方式。即使決定絕對不能打折，可是透過打折能使一家超市（具有使其他店家跟進的影響力）變成客戶時，如果不能將打折想成促銷活動費用，就無法勝任中堅、中小企業的業務領導者。中堅、中小企業在大型企業底下生存，「不能堅持自己的想法」便是他們的哲學，如果對企業間的角力不夠敏感就無法營生。能夠如此思考，也是因為擁有貫徹到底所淬鍊出來的、自己的核心價值與哲學。

## 注意要點

用你的話整理成語言（概念化）吧！然後再閱讀一次正文並且反省。如此一來，就能提高技能，實力將更加提升喔！

☑幹勁的本質是什麼？你做什麼事最能產生幹勁？

☑你如何維持幹勁？

☑你是否理解行動與衝動的差別？兩者分別是什麼？

☑你想讓人有幹勁時會怎麼做？你會注意哪些事？

☑你是否知道為何教學能相長？

☑你在商業上的魅力是什麼？如何淬鍊的？

☑你在向人傳達事情時，是否會正確地傳達目的與背景？

☑你想讓組織貫徹執行時會做哪些事？

☑你的商業哲學是什麼？如何建立的？

# 第10章

[進一步成長]

# 如何邁向新舞台？

# 95 意識到職責 你是否明白業務領導者的職責為何？

## ◎你準備成為領導者嗎？

要學習哪些知識、技能才能成為業務領導者？雖然不清楚你是立志當個業務員，還是自己也沒想到會變成業務負責人，但是既然要在業務部門磨練專業度，希望你能活用這些知識與技能成為活躍的領導者。我所說的領導者，和一般說的業務幹部在概念上有些不同，業務幹部的職責是管理業務員的行動，確保每個人分配的業績，不過業務領導者的職責不止於此。帶領許多下屬而得處理複雜問題的管理能力、配合時代與環境變化帶領大家的領導能力，以及教導事物的核心概念、教育下屬的人才培育能力，這3點要經由PDCA循環來完成。

PDCA循環的循環方式很特別，首先得掌握公司裡的業務功能是否完善、管理業績數字與製作數據的業務員的行動、估量進行哪些活動的表現最好，而且要思考如何調整環境能使業務員更便於採取行動。在執行階段則要舉辦讀書會和指導會，徹底達成揭示的目標。

## ◎業務領導者最大的宗旨是強化自己的組織

業務領導者的任務（使命）是「達成目標」、「讓組織的表現最佳化」，以及「將經營方針靈活地反映在每天的活動上」。因為是任務，所以無論如何都必須抱持徹底完成的心態。當然，關於目標，在接受前充分商量、讓大家都能同意也是領導者的職責。如果你是組織中最小單位的領導者，「將組織加強得猶如鋼鐵般堅固」就是你最該做的事。

大家都理解目標的意義、明白自己該做的事、該貢獻些什麼，並且彼此互助，這樣的組織非常強大。無論是多麼明事理、親和的領導者，假如無法強化組織，就不能算是完成職責。在你繼續升職、成為更上位的領導者之後，就不能做和以前同樣的事。必須把目光轉向自己組織之外，靈活地帶進外部資源，並和公司內的各個組織合作，把目標擺在自己底下的領導者所做不到的事。

## 96 成長方程式 你最近稱得上有所成長嗎？

### ◎成長是能做到原本做不到的事，也就是實力的提升

成長能以方程式表示，就是「獲得的機會×得到的結果」。首先，必須獲得略微超出自己實力的機會，這個機會可能是別人給予的，如轉調工作、升職或者被託付新企劃與客戶等。但是，如果你真的想成長，就得主動尋求機會讓自己發揮出超越以往的實力。尤其在年輕時，這種機會愈多，成長速度就愈快，也能拉開與別人的實力差距。

有了機會以後，無論如何都要做出成果；「獲得了與機會相稱的實力成長」得到這種確信非常重要。也有人沒得到成果卻安慰自己已經努力了，若把它用於在下一次機會來臨時獲得幹勁倒是無所謂，否則就只是在放任自己，聽起來像是放棄成長。沒有成果的努力不叫努力，認清「努力尚有不足，所以才沒有結果」，這樣才能使自己成長。

## ◎實際感受成長，並轉變為繼續向前的自信

應用這個方程式，看看你最近是否有所成長。首先，你是否主動尋求超出自己實力的目標與機會？也許有人會反駁這樣做評價會變差，評價變差後就得不到下一個機會。不過，在業務上除了達成率之外，像絕對額、件數、CS（顧客滿意度）與NPS指數（測量顧客忠誠度的指標）等，有不少企業都會特別下工夫公開檢視，如果你很努力，無論從哪個角度來看都能明白。假如還是很介意，就自己努力改變規則吧！

為了得到結果，增加業務知識與維持幹勁也絕對不可少。要養成習慣積極行動並經常回顧（參照第38頁），盡可能快速地執行。同時，讓自己想做的事、該做的事等想法和理想變得更明確，思考該怎麼做才能達成，在別人指示前自律地展開行動，並且持續抱持著幹勁。然後無論如何都要堅持獲得成果，並實際感受自己的成長。

# 97 獲得機會 什麼事最能讓你成長？

## ◎行動正是成長的關鍵

一開始就把跑業務當成天職的人很罕見，就連其他職業，從一開始就決定自己的目標、有計畫地累積經歷的人也是少數。知名學者庫倫柏次（Krumboltz）說過，利用偶然的機會開創經歷十分重要，而所謂的獲得機會，正是他所說的嘗試各種行動。至於嘗試各種行動的意思，則是指讓預料之外的事情來到眼前，並且把它當成自己的課題，為了加以解決而採取全新的行動。

有時偶然拜訪的客戶，會幫你介紹意想不到的商務洽談機會，這也可能成為參與公司外部活動的機會或換工作的契機。之前說過，帶著「這種情況就應該如此吧？」這種疑問與人邂逅，除了可以結交到相同想法的夥伴之外，自己也能拓展視野。藉此不但能使自己眼前的洽談成功，也會增加有助於勝任職務的知識與對策，於是便容易獲得成果。獲得成果後，你會覺得跑業務很有趣，業務員是你的天職，也是最適合你的工作。

## ◎好的邂逅能讓你成熟

一想到成長必須獲得做出成果的機會，就會明白邂逅有多麼重要。當然，面對眼前的課題，如何不屈不撓地徹底完成目標也很重要，不過藉由邂逅結交同伴並拓展自己的視野，將成為極大的助力幫助你完成目標。人都會觀察別人並學習模仿，學習語言、培養自己的思考方式等，都是透過觀察模仿別人、變成自己的一部分來習得。

自己心中一貫的思考方式與哲學，是透過不斷接觸各種人的價值觀與思考方式，產生共鳴或想要反駁後，經由選擇、取捨學習而來的。所謂成長，就是能做到原本做不到的事，但其實不止於此，使自己的想法明確而具有一貫性，或者不排斥他人的想法，能夠加以接受、統合也是成長，這就是變得成熟。如果你想讓自己大幅成長，就要尋求更好的邂逅機會，並積極採取行動。

# 98 遺忘所學 為何要重新學習？

## ◎過去所學的知識是否過時？

所謂遺忘所學（unlearn）是指，重新自問所學的知識與既有的價值觀，在當今時代是否真的正確？是否還行得通？而不合時代或過時的知識要予以捨棄，並且重新學習。在公司裡為了讓年輕職員儘早變成戰力，前輩與主管常常會親自指導，然而，等到能獨當一面時，往後的學習通常就看個人造化了。在商場上，人們不得不應付現代環境的急遽變化與每天出乎意料的事，從年輕時期藉由ＯＪＴ（On the Job Training）培訓累積的知識突然跟不上時代，也並非罕見的事。

跑業務也是，諸如「上門推銷」、「約定會面的手法」、「接待方式」等，從前一定得學會的技術如今顯得不再那麼重要，「透過網路收集資訊」、「藉由行銷自動化系統列出名單」、「多元呈現的簡報技巧」等，利用ＩＴ技術的手法則逐漸變成必須的能力。過去的成功經驗會限制你的行動模式，往往使你無法察覺採取的對策已經過時。

## ◎對客戶沒有益處的過時技巧必須捨棄

不要只固執於熟習特定的做法，解開已養成的思考和行動模式、經常吸收全新的技巧與思考方式，對業務員而言也是必須的。所謂學習，就是思考「持續改變」一根本的意義。經常重新學習，對於適應環境而言也很重要。當然，為了將業務知識轉變為智慧，進而採取最佳行動，需要反覆練習才能達成。然而，也必須經常反思你拚命努力學來的技術，是否適合當前的時代與環境？是否仍然有效？如果發現不適合，你必須斷然捨棄，傾力學習全新的技巧。正如我一再陳述的，眼裡不應只有工作效率，是否有替客戶著想、是否提高了工作的生產力，這樣的觀點不可或缺。所謂的業務工作，如果沒能引起客戶的共鳴、客戶也不決定執行，就無法獲得成果。你應該為了客戶重新學習。

# 99 多樣性 你是否瞭解多樣性的真正意義？

## ◎活用不同觀點，創造全新價值

你瞭解現在正熱門的「多樣性」（diversity）的真正意涵？它不只是片面地提倡女性應更積極地踏入男性社會，所謂多樣性的思考方式，是指在這個變化劇烈的時代，應該積極活用多元人才，透過各自的特色提升整體的生產力。因此，不止性別的不同，如人種、年齡、學歷、生活階層與價值觀等，應思考如何讓各形各色的人在工作上發揮所長。業務員也一樣，不僅創造顧客價值與行銷活動時需要，就銷售上來說，也必須活用各種觀點。

例如，販售冰淇淋時，從男性的觀點來看，單純就是消除夏日暑氣的冰品；若加上女性的觀點，則是不分季節點綴美食的飯後甜點和活化腦部（休息片刻）的點心；若是小孩與老人的觀點，還能加上生病或疲勞時補充卡路里的意義。如此分別思考，顧客價值的創造方式與行銷手法將會有所不同，也會增加銷售方式的變化性。在今後的時代，以各種觀點思考並將結果納入銷售活動是一大重點。

## ◎將時間限制變成優點的思考方式，能讓你更接近成功

這在建立業務組織時也一樣。以往只靠男性的「24小時奮戰」的業務員形象應該儘早消除。實際上，我在瑞可利業績最好的時候，是每天送孩子上托兒所的那段日子。我先到公司上班，時間一到就回家把孩子送去托兒所，然後又回去工作。為了家人會產生幹勁，所以原本拖拖拉拉的工作也不再那麼沒有效率。另外，這個經驗在日後建立只有女性的業務團隊時，也大有助益，儘管她們有實力，過去卻因為時間的限制而無法發揮能力，後來只要有報備，都可以跑完業務直接回家或在家工作，光是如此，生產力便有了令人不敢置信的提升。現在說自己是受到某些限制的少數派，在跑業務上已經不成藉口了，應該思考從置身的環境能獲得什麼，並且如何將這種觀點活用於業務上。更何況控管時間，本就是成為自律的業務員所需的條件。

# 100 人格的鍛鍊方式 人究竟是為何而生呢？

## ◎你的人格能獲得顧客的認同嗎？

人都是在與人的關係中出生、成長，從中蒙受許多恩惠。就連每天的飲食，也是由許多人參與生產的。正因如此，我認為對這樣的關係稍微貢獻己力，就是人生而為人的意義。簡單地說，就是「為了世界，為了人類而活」。如果換成跑業務，倘若你想成為熟練的業務員，對於教導你許多事情、使你有所成長的客戶予以貢獻、回報，才是你工作的目的，這也是你為何跑業務的答案。

而開端就是，客戶對你的生存方式與跑業務的方法產生認同。若少了這點，他們向你購買產品或服務就沒有意義。因為是你、所以願意向你購買，從這裡開始，最後覺得有買真是太好了，這就是你對客戶的貢獻。那麼，想獲得客戶的認同，該怎麼做才好呢？就是鍛鍊你的人格。只要交易對象是你就願意買，若不提高這樣的人格魅力就很難引起客戶的共鳴。

## ◎徹底鑽研，開創道路

想鍛鍊人格，首先得思考如何讓人理解，並且傳達意思給別人（勸說）。接著，要有能讓對方接受的靈活性，也就是養成不拘泥於事物的器量。最後，使客戶產生「只選擇你」的信任感，認為你是有見識想法、公平無私的人，這樣的一貫性正是決勝的關鍵。列出鍛鍊的順序，以簡單的詞語表達就會變成「思考力↓行動力↓持續力」，如果以顧客眼中的魅力來表達，就是「聰明↓大膽（勇於挑戰）↓值得信賴」。不止知識，在別人眼中具有智慧的你，經歷過許多人不曾體會的事，你必須為你的想法賦予真實感。有了大膽的想法之後，就要貫徹始終，培養身為人的穩定感、厚度與深度。具有業務能力，不僅是指業務知識豐富，鍛鍊人性、培養良好人格，才是精通業務之路的捷徑。你必須持續不斷地自我鑽研才行！

## 注意要點

用你的話整理成語言（概念化）吧！然後再閱讀一次正文並且反省。如此一來，就能提高技能，實力將更加提升喔！

☑你如何解釋業務領導者的職責？

☑你是否瞭解成長的方程式？對照之下，最近有所成長嗎？

☑你最近是否有好的邂逅？是否邂逅了與你相近的「想法」？

☑你是否會拋棄以前所學的過時知識，並且重新學習呢？

☑對於自己所屬組織的成員，你知道活用每個人特性的方法嗎？

☑為了提升人格的層次，你是如何持續鑽研的呢？

【作者介紹】

## 北澤孝太郎

東京工業大學研究所特任教授、Leggenda Corporation董事

1962年生於京都市。1985年自神戶大學經營學系畢業後進入瑞可利。長達20年活躍於業務最前線。2005年跳槽到Japan Telecommunication（現為軟銀）。曾任執行董事法人業務本部長、聲音事業本部長等職務。接著擔任Mobile Konbini社長、丸善執行董事等，隨後轉為現職。目前負責東京工業大學MBA的「業務策略與組織」科目。著有《営業部はバカなのか》（日本新潮新書出版）、《優れた営業リーダーの教科書》（日本東洋經濟新報社出版）、《人材が育つ営業現場の共通点》（日本PHP研究所出版）等書。

官方網站：http://kotaro-gosodan.com



# 頂尖業務培訓手冊

## 從心態養成到價值、風格創造徹底訓練！

2018 年 4 月 1 日初版第一刷發行

作　　者　北澤孝太郎
譯　　者　蘇聖翔
編　　輯　陳映潔
發 行 人　齋木祥行
發 行 所　台灣東販股份有限公司
＜地址＞台北市南京東路4段130號2F-1
＜電話＞(02)2577-8878
＜傳真＞(02)2577-8896
＜網址＞www.tohan.com.tw
郵撥帳號　1405049-4
法律顧問　蕭雄淋律師
總 經 銷　聯合發行股份有限公司
＜電話＞(02)2917-8022
香港總代理　萬里機構出版有限公司
＜電話＞2564-7511
＜傳真＞2565-5539



國家圖書館出版品預行編目資料

頂尖業務培訓手冊：從心態養成到價值、風格創造徹底訓練！／北澤孝太郎著；蘇聖翔譯. -- 初版. -- 臺北市：臺灣東販, 2018.04
238面；14.7×21公分
譯自：営業力100本ノック
ISBN 978-986-475-621-6(平裝)

1.銷售 2.職場成功法

496.5　　107002706